自然界「最小的粒子」

「基本粒子」無法再進一步分割

若是把物質不斷地磨碎，總有一天會製造出「無法再進一步分割，微小到極致的粒子」，這就是所謂的「基本粒子」（elementary particle）。物理學家竭力追求這個究極微小的粒子，已經有100年以上的時間。

首先，身邊的物質都是由一個個「原子」組成的。跟基本粒子不一樣，原子能夠分成「原子核」與「電子」，而電子才是所謂的基本粒子。

元素的週期表

俄羅斯的化學家門得列夫（Dmitri Mendeleev，1834～1907）在1869年，將具有相似性質的元素排列在同一行，並發明了世界上第一個元素週期表。當時發現的元素共有63種。下圖是目前所使用的週期表，已有118種元素。

	1	2	3	4	5	6	7	8	9	10	11	12	13	14	15	16	17	18
1	1 H																	2 He
2	3 Li	4 Be											5 B	6 C	7 N	8 O	9 F	10 Ne
3	11 Na	12 Mg											13 Al	14 Si	15 P	16 S	17 Cl	18 Ar
4	19 K	20 Ca	21 Sc	22 Ti	23 V	24 Cr	25 Mn	26 Fe	27 Co	28 Ni	29 Cu	30 Zn	31 Ga	32 Ge	33 As	34 Se	35 Br	36 Kr
5	37 Rb	38 Sr	39 Y	40 Zr	41 Nb	42 Mo	43 Tc	44 Ru	45 Rh	46 Pd	47 Ag	48 Cd	49 In	50 Sn	51 Sb	52 Te	53 I	54 Xe
6	55 Cs	56 Ba		72 Hf	73 Ta	74 W	75 Re	76 Os	77 Ir	78 Pt	79 Au	80 Hg	81 Tl	82 Pb	83 Bi	84 Po	85 At	86 Rn
7	87 Fr	88 Ra		104 Rf	105 Db	106 Sg	107 Bh	108 Hs	109 Mt	110 Ds	111 Rg	112 Cn	113 Nh	114 Fl	115 Mc	116 Lv	117 Ts	118 Og

57 La	58 Ce	59 Pr	60 Nd	61 Pm	62 Sm	63 Eu	64 Gd	65 Tb	66 Dy	67 Ho	68 Er	69 Tm	70 Yb	71 Lu
89 Ac	90 Th	91 Pa	92 U	93 Np	94 Pu	95 Am	96 Cm	97 Bk	98 Cf	99 Es	100 Fm	101 Md	102 No	103 Lr

那麼，原子核又是如何呢？原子核是由「質子」與「中子」這 2 種粒子集合而成的。質子與中子也仍然不是基本粒子，是由兩種不同的「夸克」（quark）的三個粒子組合而成。這裡的夸克才是基本粒子。

　　換句話說，身邊的所有物質都由這 3 種的基本粒子所構成的。森羅萬象的世界，是由僅僅 3 種的基本粒子組成的，不覺得很感動嗎？

自然界是由3種基本粒子所組成

圖片是將身邊物質放大的模擬圖。任何原子都是由「電子」、「上夸克」與「下夸克」所構成。關於各個基本粒子發現的過程以及各自的性質等等，會在本書中進行詳細的介紹。

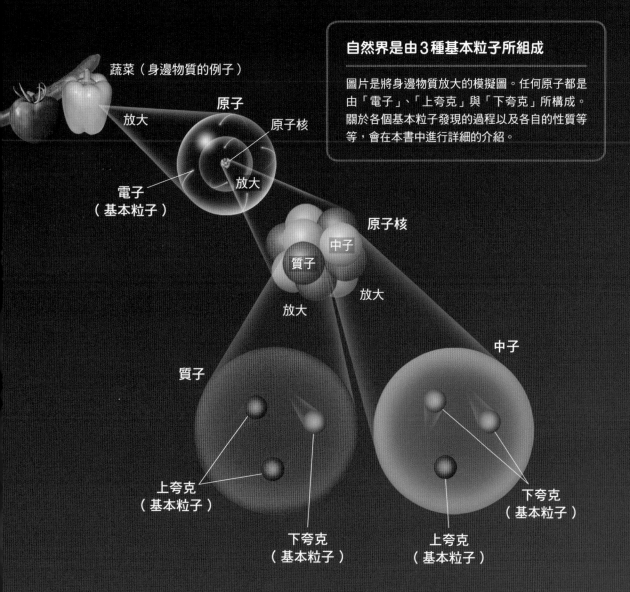

蔬菜（身邊物質的例子）

放大

原子

原子核

電子
（基本粒子）

放大

原子核

中子

質子

放大

放大

中子

質子

上夸克
（基本粒子）

下夸克
（基本粒子）

下夸克
（基本粒子）

上夸克
（基本粒子）

基本粒子有多大呢？

最大不超過 1 毫米的 1 兆分之 1 的 1 萬分之 1

來感受一下原子與基本粒子的尺寸

圖中示意將原子放大到地球的尺寸時原子核的大小，以及電子與夸克假設的最大尺寸。

在埋解基本粒子的大小之前，首先來看一下原子的大小。

原子的大小約 1 毫米的 1000 萬分之 1（約 10^{-10} 公尺）。在原子的中心有原子核，其周圍有基本粒子的「電子」圍繞在旁邊。原子核的大小（直徑）雖然會因為原子的種類不同而改變，但以最小的氫來說，原子核（1 個質子）的大小約是原子的 10 萬分之 1 左右（10^{-15} 公尺）。

質子與中子是由基本粒子中的「夸克」所構成。電子與夸克等基本粒子

註：在粒子物理學中，理論上會將基本粒子的大小視為零，也就是將其視為數學上的「點」。然而，像是電子與夸克等目前認定為基本粒子的這些粒子，是否大小真的為零，是否真的無法分割（是否真的符合基本粒子的定義），尚未經過實驗證實。

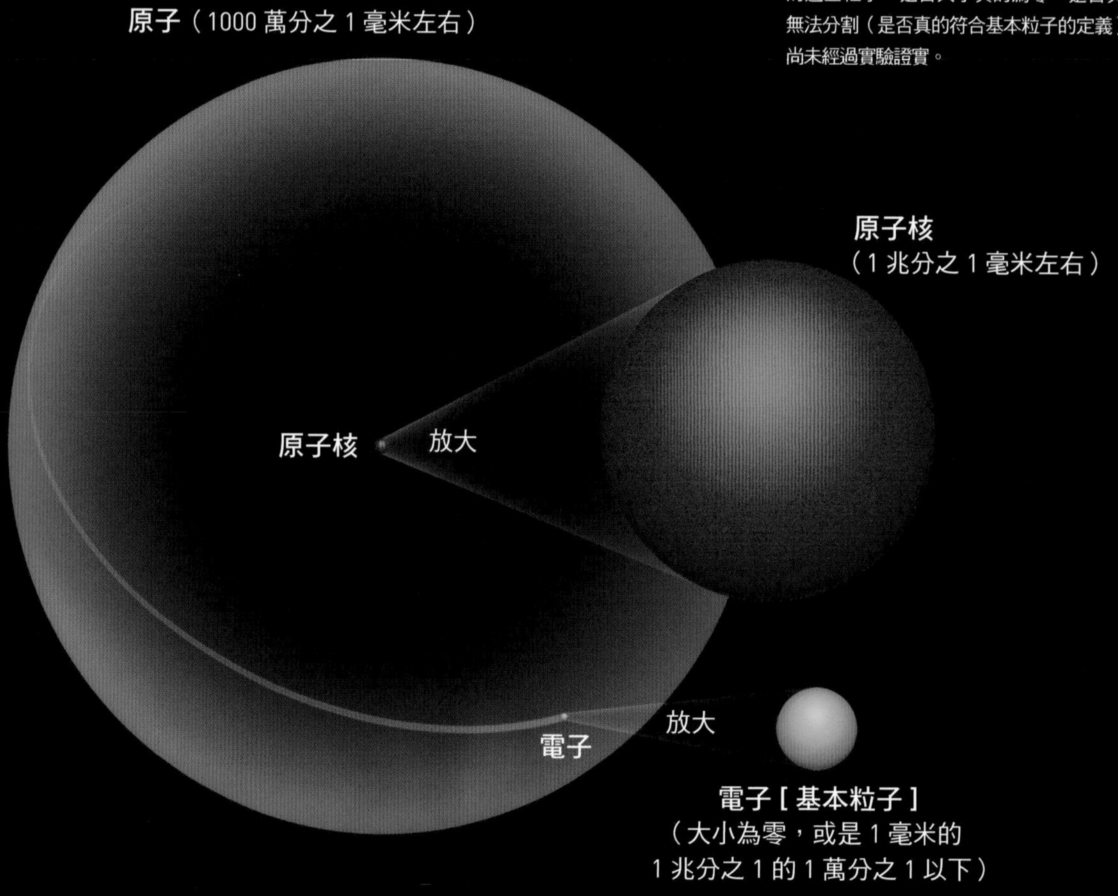

原子（1000 萬分之 1 毫米左右）

原子核

放大

原子核
（1 兆分之 1 毫米左右）

電子

放大

電子 [基本粒子]
（大小為零，或是 1 毫米的 1 兆分之 1 的 1 萬分之 1 以下）

的大小，以實驗中得到的數據來說，最大也不超過質子的 1 萬分之 1 左右，也就是不到 1 毫米的 1 兆分之 1 再乘以 1 萬分之 1（10^{-19}公尺）。

若是將原子放大成地球的大小（直徑大約 1 萬3000公里），原子核的大小約是一座棒球場，電子與夸克等基本粒子的大小則不會超過一顆棒球。

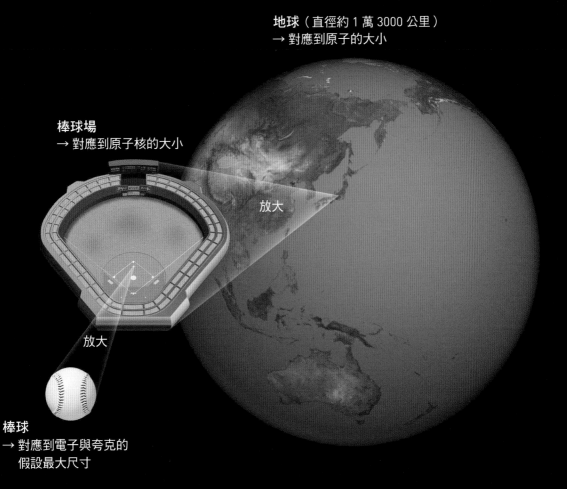

地球（直徑約 1 萬 3000 公里）
→ 對應到原子的大小

棒球場
→ 對應到原子核的大小

放大

放大

棒球
→ 對應到電子與夸克的
　假設最大尺寸

為了尋找基本粒子所打造的巨大實驗設施

長度相當於東京的山手線！

究竟這個微小到極致的基本粒子，是怎麼發現的呢？

在瑞士日內瓦郊外的地底下，有座名為「LHC」（Large Hadron Collider，大型強子對撞機）的圓形巨大實驗設施。LHC一周的長度與日本東京的JR山手線相當，足足有27公里長。

這個LHC的經營者是「CERN」（European Organization for Nuclear Research，歐洲核子研究組

LHC與四大實驗裝置

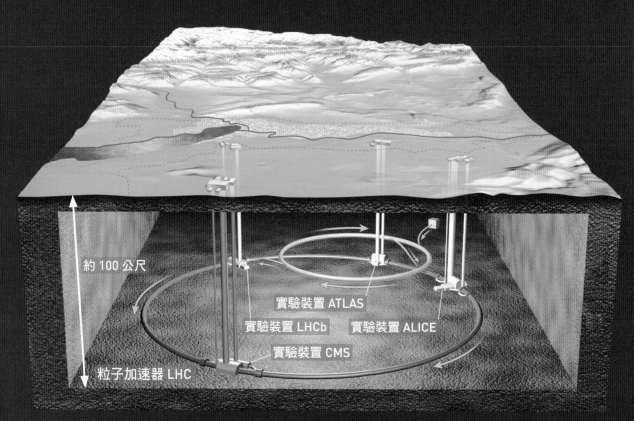

約100公尺

實驗裝置 ATLAS

實驗裝置 LHCb　　實驗裝置 ALICE

實驗裝置 CMS

粒子加速器 LHC

註：雖然在圖片中將地下的空間畫成中空的長方體，實際上該空間並沒有挖空。

織）。CERN為了發現新的基本粒子
等目的，於2008年9月完成這座巨大
規模的LHC。

　LHC是名為「粒子加速器」的實驗
設施，將電子與質子等帶電的粒子，
在真空的管子中加速，讓加速過的粒
子正面碰撞，並記錄與研究此時發生
的種種現象，稱為粒子加速器實驗。

　在下一頁將來介紹粒子加速器實驗
的過程，究竟發生了什麼事。

LHC 的長度與東京山手線相當

圖片為朝向東南方拍攝的航空照片，其中的黃
線為LHC的所在位置，設置在地下100公尺的
通道中，1周足有27公里長。和LHC後方的
日內瓦國際機場相比，不難想像LHC的尺寸有
多驚人。

萊芒湖

日內瓦市區
日內瓦國際機場
巨大實驗裝置 LHCb
巨大實驗裝置
ATLAS
CERN的建築物
粒子加速器 PS（628 公尺）：紅色
CERN的建築物

國界

瑞士側

法國側

巨大實驗裝置
ALICE

粒子加速器 SPS
（7 公里）：水色

巨大實驗裝置 CMS

粒子加速器 LHC
（27 公里）

世界是由3種基本粒子構成的！

粒子之間互相碰撞
會發生什麼事？

製造出碰撞之前
不存在的粒子

粒子加速器實驗產生新的粒子

若是將玻璃杯打破，只會產生出原本這個
杯子的碎片。相對地，在粒子加速器實驗
中，兩個經過加速的粒子互相碰撞後，產
生的不是原本這些粒子的「碎片」，而是
大量產出在反應之前不存在的新粒子。

在 粒子加速器抽真空的管線中，
電子或是質子會加速至接近光
速（秒速30萬公里）。

在粒子加速器實驗中，當經過加速
的兩個粒子互相碰撞時，神奇的事情
發生了：原本在碰撞之前不存在的粒
子，居然大量出現了。發生碰撞時，
粒子不但沒有裂成碎片，反而產生了
在碰撞前連痕跡都沒有的新粒子。因
此粒子加速器也可以說是製造粒子的
機器。

實際上截至目前，以粒子加速器實
驗製造出許多的新粒子（基本粒子或
是由多個基本粒子組成的粒子）。在
研究基本粒子的歷史中，粒子加速器
絕對是無法跳過的一頁。

物理學者想在LHC試圖解開的終極
難題，是「形成宇宙的萬物之源究竟
是什麼，而這個源頭又有著什麼樣的
性質？」而新粒子的發現，或許將成
為解開這道難題的關鍵。

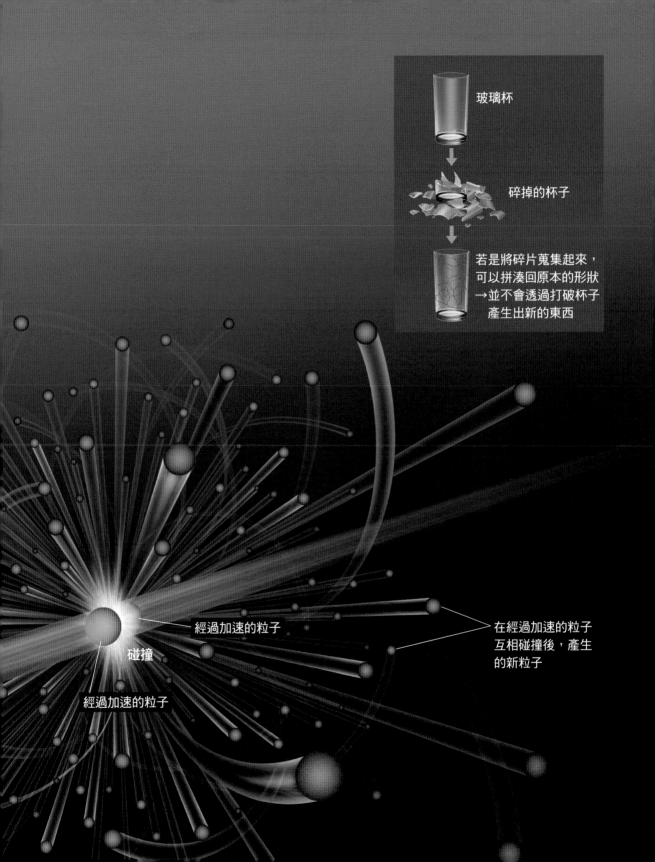

玻璃杯

碎掉的杯子

若是將碎片蒐集起來，
可以拼湊回原本的形狀
→並不會透過打破杯子
產生出新的東西

經過加速的粒子

碰撞

經過加速的粒子

在經過加速的粒子
互相碰撞後，產生
的新粒子

發現電子而展開基本粒子研究！

原子並不是最小的粒子

從 本頁開始依序介紹「形成物質的基本粒子」是怎麼發現的。

直到19世紀末，都認為所有物質是由「原子」所組成的。然而，當時並不知道原子是否能進一步分割。

在這個時期，物理學家將目光聚焦在「放電現象」。所謂的放電現象，是將封入少量氣體的玻璃管接上高壓電，讓其產生電流流動的現象。當時認為放電的過程，是某種未知能量從陰極（－）流向陽極（＋）的過程。

英國物理學者湯姆森（Joseph John Thomson，1856～1940）於1897年，發現陰極射線本質上是帶負電的粒子，也就是「電子」。到現在，認為電子是無法進一步分割的基本粒子。電子就成為歷史上最早發現的基本粒子。

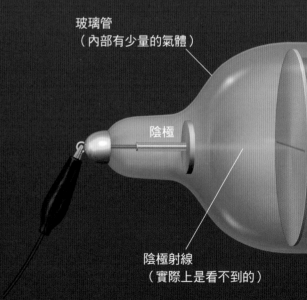

玻璃管
（內部有少量的氣體）

陰極

陰極射線
（實際上是看不到的）

促成了電子發現的陰極射線實驗

陰極射線（粒子的流動）會因為施加電壓，或是拿著磁鐵靠近而產生彎曲。湯姆森仔細研究了陰極射線收到電壓，或是受到磁鐵靠近時的彎曲情形，之後更在1897年，發現陰極射線的本質是帶負電的「電子」。在那之後，也得知電子是遠比原子更輕的粒子，證明比原子還要小的粒子是存在的。

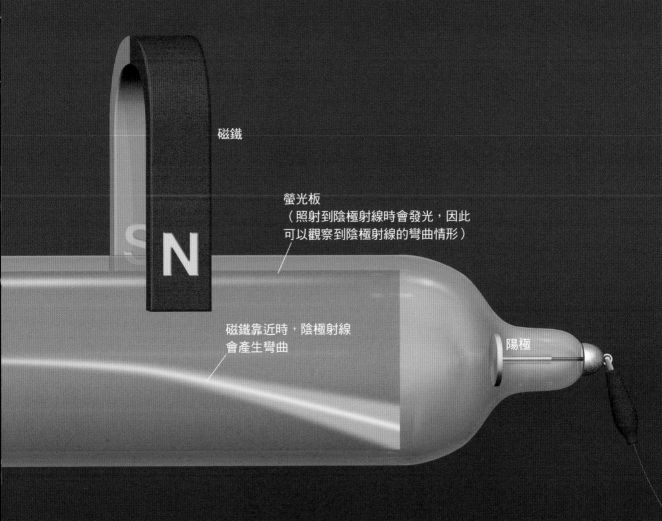

磁鐵

S N

螢光板
（照射到陰極射線時會發光，因此可以觀察到陰極射線的彎曲情形）

磁鐵靠近時，陰極射線會產生彎曲

陽極

為什麼原子不帶電呢？

電子帶負電，而原子核帶正電

現在已知原子內有帶負電的電子。不過原子在正常狀態下不帶電。這就代表在原子之中，一定有著某個帶正電的東西，將電子的負電給抵消掉。

向這個謎題發起挑戰的是紐西蘭出生的物理學家拉塞福（Ernest Rutherford，1871～1937），他和助手進行實驗，將名為「α射線」的放射線，照射在金箔上。

實驗發現大部分α射線穿過了金

原子核的存在透過以下實驗得到證明

實驗的整體設置如下，圖片中的金箔經過放大表示。假設α射線只有在碰撞到體積微小的原子核時，才會大幅改變行進路線，那麼實驗中的現象就能得到合理的解釋。

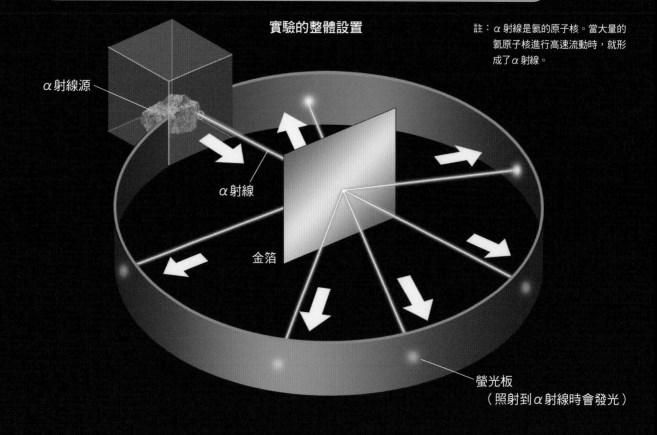

實驗的整體設置

註：α射線是氦的原子核。當大量的氦原子核進行高速流動時，就形成了α射線。

α射線源

α射線

金箔

螢光板
（照射到α射線時會發光）

箔。不過更意外的是，一部分的α射線大幅度改變了行進方向，甚至反彈回去。

　　拉塞福以這個實驗為基礎，於1911年闡明了原子內部的結構。原子的正中心，存在著帶正電且質量較重的「原子核」，而在周圍有質量較輕且帶負電的電子圍繞著。

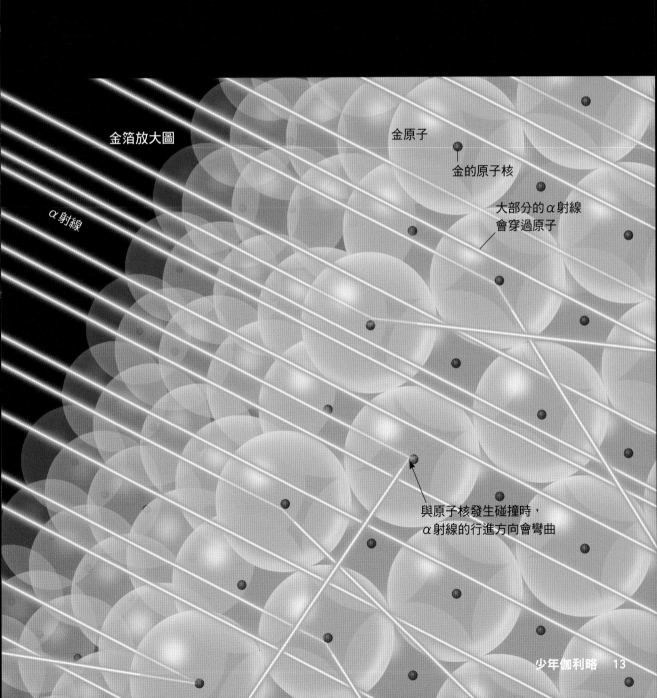

金箔放大圖

金原子

金的原子核

α射線

大部分的α射線
會穿過原子

與原子核發生碰撞時，
α射線的行進方向會彎曲

原子核並不是 「最小的粒子」

原子核是由「質子」與 「中子」組成

原子核帶正電。想得簡單一點，或許可以把原子核想像成是由數個帶正電的粒子（質子）組合而成。不過這樣的想法卻無法解釋某些事實，譬如氦的原子核，雖然帶電量是氫原子核的 2 倍，質量卻是 4 倍。

1932年拉塞福的學生，英國物理學家查兌克（James Chadwick，1891～1974），發現當 α 射線照射到某種金屬時，會發出未知的放射線，研究之後認為這應該是該金屬的「原子核碎片」。他更進一步的發現，在這個放射線中流動的粒子屬於電中性，質量則與質子幾乎相同。於是將這個粒子命名為「中子」。從而得知原子核是由帶著正電的質子，與不帶電的中子這 2 種粒子所組成。

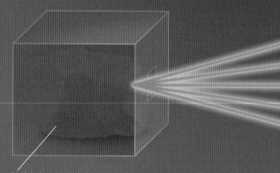

放射出 α 射線的礦物

中子的發現

將α射線照射在鈹的金屬上時，會從照射處發射出電中性的放射線。這代表著鈹的原子核與α射線（氦原子核）產生核融合反應，而多餘的「原子核碎片」就飛了出來。透過這個實驗，得知原子核的中央存在著電中性的「中子」。

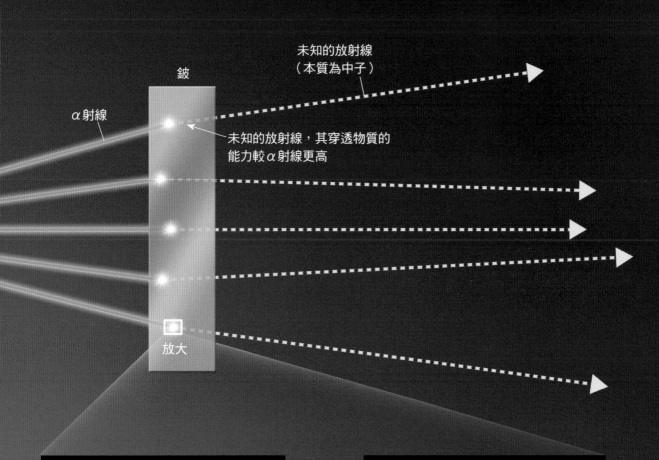

未知的放射線
（本質為中子）

鈹

α射線

未知的放射線，其穿透物質的
能力較α射線更高

放大

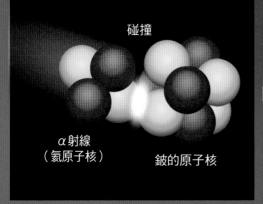

碰撞

α射線
（氦原子核）

鈹的原子核

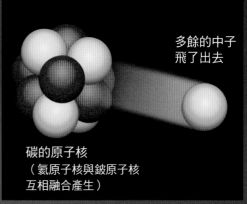

多餘的中子
飛了出去

碳的原子核
（氦原子核與鈹原子核
互相融合產生）

質子與中子是由「夸克」組成

夸克共有 6 種

從 1950年代開始，科學家從「宇宙射線」（從宇宙高速飛來的放射線）的觀測，以及粒子加速器的實驗中，陸續發現性質與質子和中子十分相似的粒子。在發現了超過100種的「類質子」與「類中子」後，不禁開始懷疑「這些總不可能全部都是基本粒子吧？」

美國物理學家蓋爾曼（Murray Gell-Mann，1929～2019）等人於1964年提出種假說，認為質子與中

由夸克組成的神奇粒子

下圖中所繪製的例子，是在1952年宇宙射線的觀察中發現的 Σ 粒子。雖然與質子非常類似，但內部的下夸克置換為奇夸克。諸如這類的「類質子」與「類中子」，大量發現於宇宙射線的觀測以及粒子加速器實驗中，也使得人們能夠基於理論，預測出夸克的存在。

宇宙

宇宙射線（原宇宙射線）
主要成分為高速飛來的質子

宇宙射線與大氣中的分子碰撞，
產生衍生宇宙射線

衍生宇宙射線

大氣層

衍生宇宙射線會進一步造成
宇宙射線的連鎖產生
（空氣簇射現象）

Σ 粒子（ Σ⁺粒子 ）

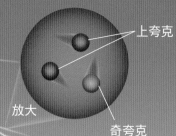

上夸克

放大

奇夸克

子，以及性質與這兩者類似的粒子，都是由更加微小的基本粒子，以三個為一組所組成。蓋爾曼博士將這種基本粒子命名為「夸克」。

　　1969年透過讓高速電子撞向質子與中子的實驗，質子與中子之中含有的微小粒子 ——「夸克」的存在得到證實。雖然根據蓋爾曼博士的預言，夸克共有3種，不過到目前為止共發現了6種。

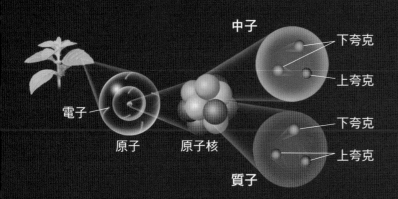

中子
下夸克
上夸克
下夸克
上夸克
質子

電子
原子　原子核

質子與中子是由2種夸克組成

構成原子核的質子與中子，本身是由三個夸克集合而成。
質子是由2個上夸克與1個下夸克組成，中子則是由1個上夸克與2個下夸克組成。

夸克的種類

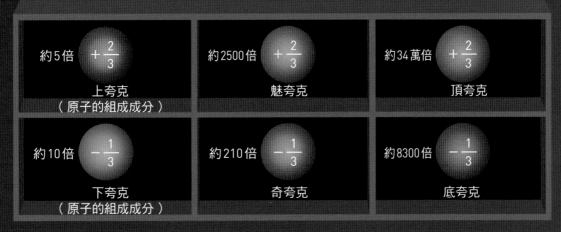

約5倍 $+\frac{2}{3}$　上夸克（原子的組成成分）

約2500倍 $+\frac{2}{3}$　魅夸克

約34萬倍 $+\frac{2}{3}$　頂夸克

約10倍 $-\frac{1}{3}$　下夸克（原子的組成成分）

約210倍 $-\frac{1}{3}$　奇夸克

約8300倍 $-\frac{1}{3}$　底夸克

夸克共有6種

各夸克旁邊顯示的數字，代表其質量與電子質量（9.1×10^{-28}克）相比的倍數；各球體中的數字，是以電子的電荷為－1時，各夸克所帶有的電量（電荷）。上排的夸克所帶電量為正（＋），下排的夸克所帶的電量為負（－）。

基本粒子中也有許多電子的同類

3 種帶負電，另外 3 種不帶電

在 宇宙射線的觀測以及粒子加速器實驗中，也發現了性質與電子類似，帶有負電的基本粒子。這些粒子分別是「緲子」（muon）與「濤子」（tauon）。緲子的發現來自於1937年的宇宙射線觀測，其質量約為電子的210倍。而於1975年的粒子加速器實驗，發現質量約為電子3500倍的濤子。

另外，為了解釋在放射性物質中產生的「β衰變」現象，瑞士物理

β 射線
（以藍色的線來表示，為放射線的一種）

含有放射性物質
的礦物

放大

中子

質子

放射性物質與微中子

圖中描繪了放射出 β 射線（放射線的一種）的「β衰變」現象。由於 β 衰變乍看之下打破了能量守恆定律，因此包立認為在反應中放射出了某種觀測裝置抓不到的基本粒子，將其命名為「微中子」。

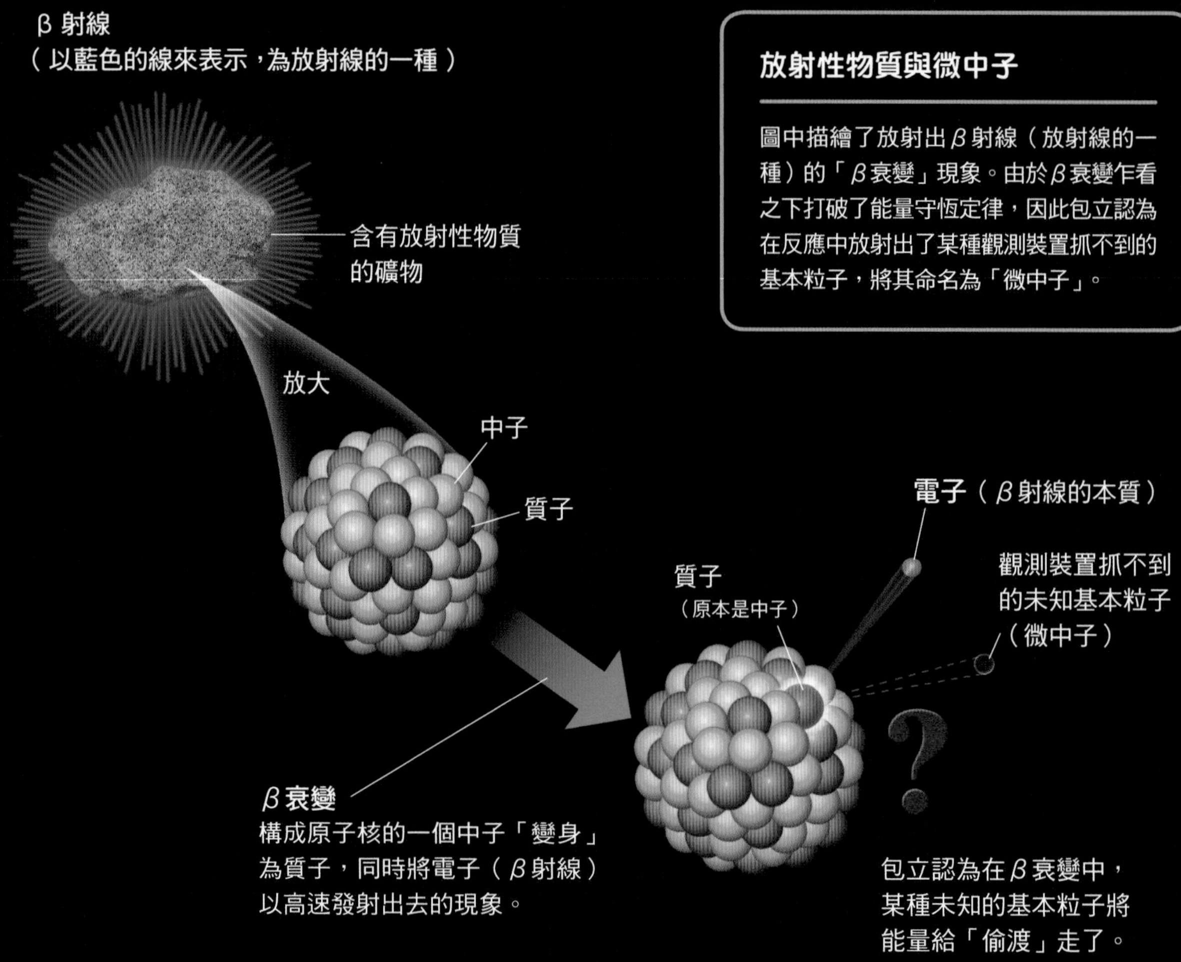

質子
（原本是中子）

電子（β射線的本質）

觀測裝置抓不到
的未知基本粒子
（微中子）

?

β衰變
構成原子核的一個中子「變身」
為質子，同時將電子（β射線）
以高速發射出去的現象。

包立認為在 β 衰變中，
某種未知的基本粒子將
能量給「偷渡」走了。

家包立（Wolfgang Ernst Pauli，900～1958）於1930年以理論預言現在稱為「微中子」（neutrino）的基本粒子。微中子不帶電（電中性），質量遠比電子還要輕。

在這之後發現微中子共有 3 種。加上這些微中子，電子的同類（輕子）共有 6 種。

電子的同類

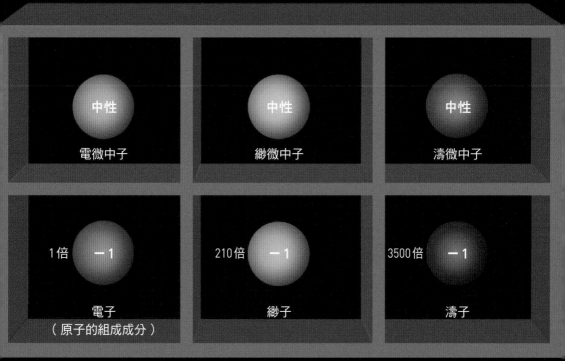

中性	中性	中性
電微中子	緲微中子	濤微中子
1倍 －1	210倍 －1	3500倍 －1
電子	緲子	濤子
（原子的組成成分）		

電子的同類合計有6種

用來表示各個基本粒子的球體中，是其所帶電量（電荷）。上排的微中子是不帶電的（電中性），下排的基本粒子則都帶有等量的負電（－）。下排各基本粒子左邊顯示的數字，代表其質量與電子相比是多少倍。雖然知道微中子的質量遠比電子更輕，但並不知道具體的數值。

電子同類的 「微中子」是什麼？

微中子能夠穿透各種物質

微 中子大量存在於我們身邊。 地球上每 1 平方公尺的面 上,每秒會有660億個發源於太陽 微中子穿透。

微中子能夠視地球如無物,自由 在地穿透,真是神奇。為什麼微中 具有這樣的性質呢?

由於帶電而產生的引力與斥力, 算隔著一段距離也能夠發生作用, 果帶電的粒子(如電子)想要穿過 子的話,會受到帶電的原子核所給

能夠穿過任何物質的微中子

每分每秒都有大量的微中子降落於地球上。我們沒有察覺到這件事,是因為大部分的微中子穿透地球、建築物,甚至人體,不會造成任何的影響。然而在極少數的狀況下,微中子會與物質發生碰撞,因此可以測量出來。

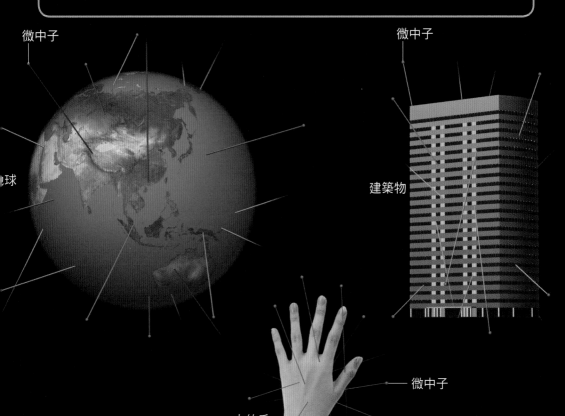

微中子

微中子

地球

建築物

微中子

人的手

的引力或斥力，進而改變行進方向並流失能量，最終會停下來。

相較之下，因為微中子不帶電，因此不會受到電的引力與斥力。除此之外，微中子是基本粒子，非常微小，非常不容易與原子內部的電子或夸克「碰撞」。因此，微中子能夠輕易地穿透原子，甚至穿透地球。

微中子為什麼能夠穿透物質

下圖上半部所描繪的是帶正電的粒子（如α射線中的粒子）射入原子中所發生的情形。由於電產生的引力或斥力就算隔著一段距離也會作用，射入原子中的粒子只要靠近原子核，其行進方向就會改變並流失能量。因此，這些粒子要一次穿過多個原子是很困難的。

相對地，不帶電的微中子（下圖下半部），只要不直接與電子或夸克「正面碰撞」，前進方向就不會受到影響。微中子連原子核也能穿透，更能輕輕鬆鬆地穿透大部分的原子。

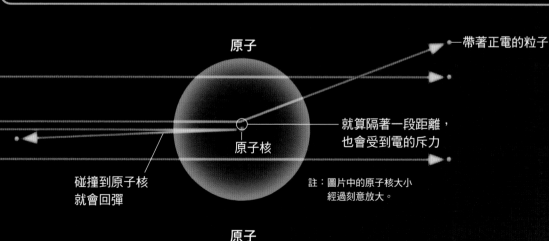

原子

帶著正電的粒子

原子核

就算隔著一段距離，也會受到電的斥力

碰撞到原子核就會回彈

註：圖片中的原子核大小經過刻意放大。

原子

微中子
（能夠順利穿透原子或原子核）

目前為止發現的 基本粒子

基本粒子並非只有 「形成物質的基本粒子」

這 裡來統整一下，目前已發現的 基本粒子有哪些吧！

身邊的物質是由各式各樣的原子所組成，而所有的原子僅由 3 種的基本粒子所組成，也就是「電子」、「上夸克」與「下夸克」。要是只有這些倒還簡單，不過物理學家隨後發現，這些粒子還有許多的同類，也就是夸克的同類，以及電子與微中子的同類。

到目前介紹的「形成物質的基本粒子」，就像是自然界中的演員，可不

形成物質的基本粒子

夸克的同類	約5倍 $+\dfrac{2}{3}$ **上夸克**（原子的組成成分）	約2500倍 $+\dfrac{2}{3}$ **魅夸克**	約34萬倍 $+\dfrac{2}{3}$ **頂夸克**
	約10倍 $-\dfrac{1}{3}$ **下夸克**（原子的組成成分）	約210倍 $-\dfrac{1}{3}$ **奇夸克**	約8300倍 $-\dfrac{1}{3}$ **底夸克**
電子、微中子的同類	※1 中性 **電微中子**	中性 **緲微中子**	中性 **濤微中子**
	1倍 -1 **電子**（原子的組成成分）	約210倍 -1 **緲子**	約3500倍 -1 **濤子**

※1：已知微中子具有質量，且質量遠比電子更輕，但並不知道其具體的數值。

雖然上夸克、下夸克與電子以外的基本粒子，並不是構成物質的基本粒子，但一樣存在於宇宙射線中，也能夠透過粒子加速器實驗製造出來。各基本粒子左邊顯示的數字，代表其質量與電子的質量（9.1×10^{-28}克）相比的倍數，而各球體中的數字，是以電子的電荷

是只要待在那裡就好，還必須要讓「自然界」這齣戲往下發展。因此這些演員透過彼此間的影響，讓這齣戲得以進行。所謂的影響，指的就是作用於基本粒子之間的「力」。

實際上，這些力不同於「形成物質的基本粒子」，是由「傳遞力的基本粒子」來傳遞（詳見第38頁之後）。

（詳見第38頁之後）

基本粒子一覽

下圖中羅列出目前存在已發現或是認為確實存在的基本粒子。這些粒子大致分為「形成物質的基本粒子」、「傳遞力的基本粒子」與「賦予質量的基本粒子」。

傳遞力的基本粒子

電磁力

0倍　　中性

光子（光的基本粒子）

弱核力

※2　　※2

弱玻色子

強核力

0倍　　中性

膠子

重力

0倍　　中性

重子（未發現）

※2：
傳遞弱核力的弱玻色子，共分為「W+玻色子」、「W−玻色子」、「Z玻色子」3種。

（質量）
W+玻色子：約15萬7000倍
W−玻色子：約15萬7000倍
Z玻色子：約17萬8000倍

（帶電量）
W+玻色子：+1
W−玻色子：−1
Z玻色子：中性

賦予質量的基本粒子

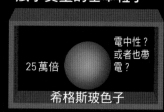

25萬倍　　電中性？或者也帶電？

希格斯玻色子

自然界中共存在四種力，分別由不同種類的基本粒子進行傳遞。位於左邊的數字是各粒子的質量相較於電子質量的倍數，位於右邊的是以電子的電荷為−1時，各基本粒子所帶有的電量。

2012年7月，發現名為「希格斯玻色子」（Higgs boson）的新粒子（詳見第64頁後）。這個新粒子的質量約為電子的25萬倍，且認為不帶電（電中性）。不過根據理論，希格斯玻色子應該也有複數的種類存在，在這些未發現的希格斯玻色子中，或許也有帶電的粒子。

動畫及電影中出現的「反物質」

反物質是存在於
現實的物質！

或許在電影或是動畫中聽過「反物質」這個名詞。有時作為「終極能量源」登場，讓人能進行數百光年的宇宙旅行；有時則變成「危險物質」，只要一點點就足以引起大爆炸，毀滅掉一座城市。另外，在人氣動畫《新世紀福音戰士》中，電子的反物質「正子」（positron）也以武器「正子砲」（日文稱為陽電子砲）的形式登場。

若是只聽到這裡，或許你會以為反

反物質是最適合宇宙旅行的能源嗎？

若要前往太陽系以外的星系，宇宙船必須要在沒有補給的情況下，航行數光年的距離。這麼一來，宇宙船需要運載大量的燃料，體積也就會十分巨大。

若能將極少量就能產生莫大能量的反物質作為動力源的話，這個問題就能迎刃而解。因此，反物質在動畫、電影或是科幻小說中，經常作為宇宙船假想的能量來源。

物質只存在於動畫或是科幻作品之中，是虛構出來的物質。不過，反物質是實際存在的物質，甚至能夠在實驗設施中製造出來。另外，當反物質與物質相遇，也的確能夠產生出非常巨大的能量。

　　反物質與物質所產生的爆炸，究竟能夠產生多巨大的能量呢？所謂的反物質，究竟又是什麼樣的物質呢？現在就來一探究竟吧！

狄拉克預言存在的反物質是什麼？

所有的基本粒子都存在「反粒子」

到目前為止所介紹過的每種基本粒子，都有對應的「反粒子」（aitiparticle）。所謂的反粒子，就是與原本的粒子質量完全相同，卻帶電正負相反的粒子。這就是反物質的本質。

1928年，英國物理學家狄拉克（Paul Dirac，1902～1984）將闡明電子等粒子在微觀世界運行規則的物理學「量子力學」（quantum mechanics），以及關乎時間及空間的物理學「狹義相對論」融合，建

反粒子是什麼？

圖中所示為構成物質的基本粒子（左頁）以及與這些粒子成對的反粒子（右頁）。反粒子繪製成映照在假想鏡子上的圖像。另外，各基本粒子球體中的數字，是將電子的帶電量設為 −1 時，各基本粒子所帶有的電量。不帶電的基本粒子，以「中性」表示。

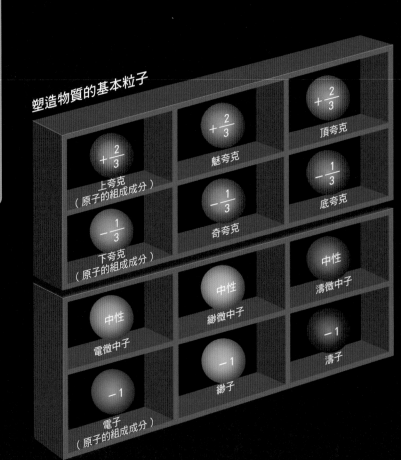

塑造物質的基本粒子

$+\frac{2}{3}$ 上夸克（原子的組成成分）

$-\frac{1}{3}$ 下夸克（原子的組成成分）

$+\frac{2}{3}$ 魅夸克

$-\frac{1}{3}$ 奇夸克

$+\frac{2}{3}$ 頂夸克

$-\frac{1}{3}$ 底夸克

中性 電微中子

中性 緲微中子

中性 濤微中子

-1 電子（原子的組成成分）

-1 緲子

-1 濤子

構出新的理論。狄拉克以此理論為基礎，預言電子的反粒子——「正子（反電子）」的存在。

　不過當時的科學家似乎對狄拉克所提出的反粒子並不認同，甚至就連狄拉克本人，也對於算式中所推導出來的反粒子，抱著半信半疑的態度。不過就在不久之後，實際發現了反粒子，狄拉克的預言也因此得到有力的證明。

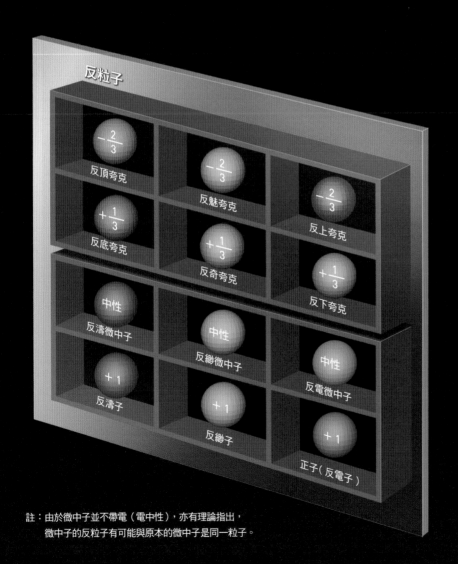

反粒子

狄拉克
（1902～1984）
英國理論物理學家。將描述微觀粒子的量子力學，以及關於時間與空間的狹義相對論互相整合，並衍生出了新的理論。這項成就使他贏得1933年諾貝爾物理學獎。

註：由於微中子並不帶電（電中性），亦有理論指出，
　　微中子的反粒子有可能與原本的微中子是同一粒子。

終於證明了
反物質的存在！

偶然發現從宇宙飛來的
反物質

美國物理學家安德森（Carl Anderson，1905～1991）於27歲時，努力不懈地觀察來自宇宙的高速粒子「宇宙射線」。就在這時，未知的粒子碰巧飛進觀測裝置之中。

下圖是安德森所進行的實驗示意圖。讓宇宙中射來的粒子，能直線射入由電磁鐵包圍的「雲室」（cloud chamber）內，這樣的設計可以使帶電的粒子在進入其內部時，受到磁力而讓行動軌跡產生彎曲。另外，還能讓帶正電的粒子與帶負電的粒子彎曲

透過實驗裝置發現反電子

安德森在能夠顯示出粒子運動軌跡的「雲室」外，用一層電磁鐵圍住。然後，足足拍了1300張粒子飛入雲室後的照片，並在其中的15張發現神奇的粒子。

眼尖的安德森發現，這個神奇的粒子雖然有著與電子相似的軌跡，彎曲方向卻與電子相反。這項觀察，促成了反電子的發現。

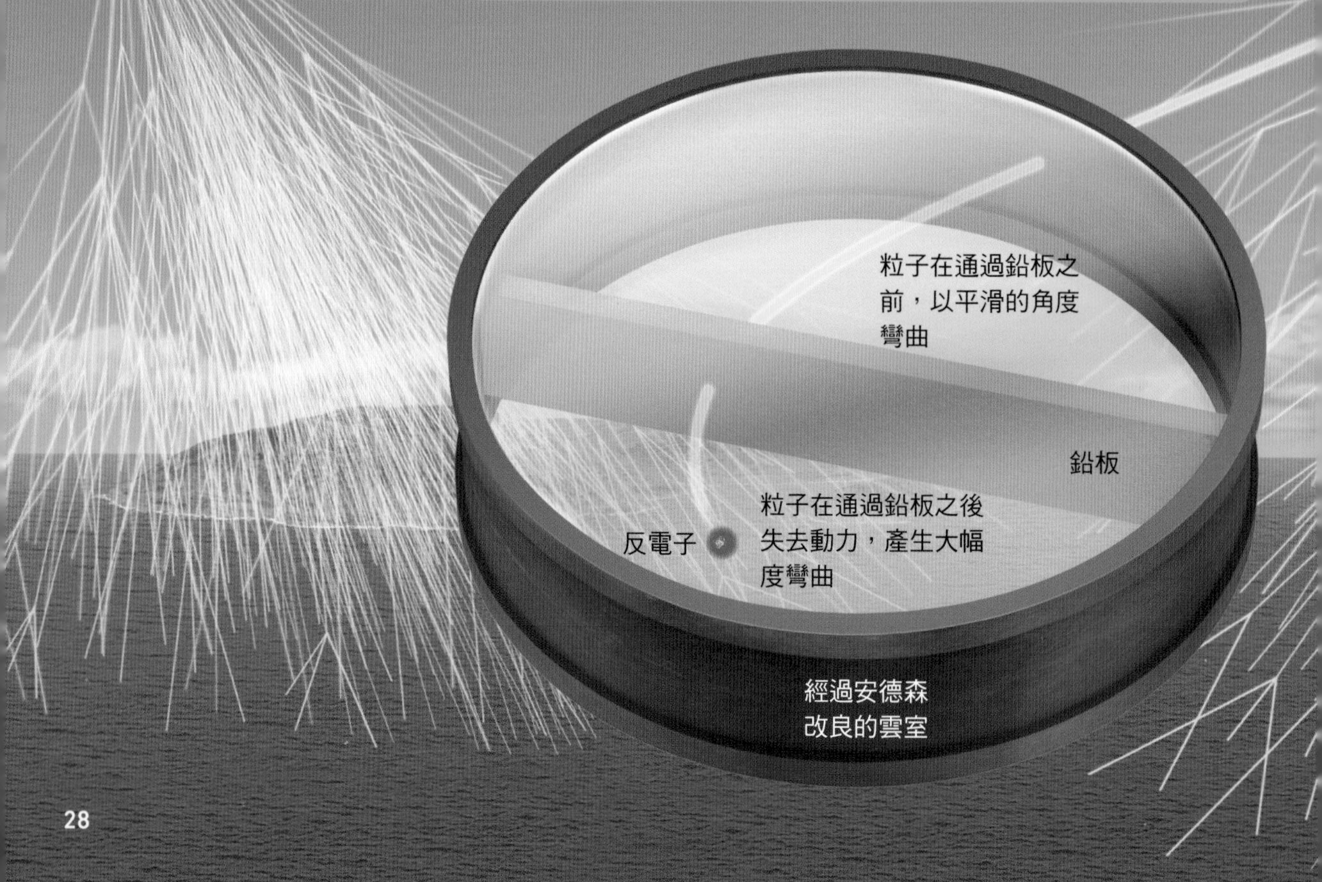

粒子在通過鉛板之前，以平滑的角度彎曲

鉛板

反電子

粒子在通過鉛板之後失去動力，產生大幅度彎曲

經過安德森改良的雲室

成相反方向。除此之外，根據粒子的種類不同，其軌跡的長度與形狀也會不同。

安德森發現的粒子具有與電子完全相同的質量，以及正好相反的帶電量。因此得知，這個粒子就是狄拉克預言中的「反電子」。

與大氣
分子碰撞

原宇宙射線
自宇宙空間高速飛來的粒子。其中90%為氫的原子核（1個質子）與氦的原子核（2個質子與2個中子）。另外也包含較重的粒子，如鈹的原子核。

衍生宇宙射線
當原宇宙射線與大氣中的氧分子和氮分子產生反應，就會產生各種粒子。原宇宙射線與大氣中的分子反應後產生出的粒子，合稱為「衍生宇宙射線」。

安德森
（1905～1991）
美國實驗物理學家。由於發現反電子，獲得1936年諾貝爾物理學獎。

反物質與物質能夠產生龐大的能量

一旦發生碰撞，質量會全部轉換為能量！

德國物理學家愛因斯坦（Albert Einstein，1879～1955）推導出家喻戶曉的算式『$E=mc^2$』之中，E 表示著能量，m 表示質量，c 則表示光速（定值）。由於任何反應都會遵循 $E=mc^2$ 這個算式，因此放出多少的能量，反應後就會減少相應的質量並變輕。

舉例而言，在太陽發生的核融合反應中，兩個氫原子核互相融合，會產生出氦的原子核。在這個時刻，太陽

火焰

核反應器

太陽

1

燃燒 — 1倍

火力發電是透過「將原子重新連接（化學反應）」來產生能量。過程中釋放出的是將原子連結在一起的能量，並非改變原子本身。因此，這種方法產生的能量，是本頁介紹的方式當中最小的。

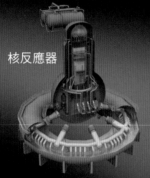

2,500,000

核分裂反應 — 約250萬倍

讓原子核分裂，使其變化成其他元素的原子核，稱為「核分裂反應」。核能發電即利用這個反應，將構成鈾235原子核的一部分能量釋放出來。

20,000,000

太陽內部的核融合 — 約2000萬倍

太陽內部發生的反應，是將 4 個氫原子的原子核融合，並產生氦原子核等的反應（核融合反應）。核融合反應是將原子核轉換為別的原子的原子核，並讓構成原子核的一部分能量釋放出來。釋放出的能量較鈾235的核分裂反應來得高，是因為作為燃料的元素不同。

的質量會因為核融合反應，每秒減少約427萬噸，並依據減少的質量而釋放出相應的能量。

另外，在火力發電中，透過燃燒煤炭與石油等化石燃料，將燃料中的分子轉換為二氧化碳與水蒸氣等分子，並利用這個反應產生能量。根據「質量守恆定律」，化學反應前後的質量應該不會改變，嚴格來說，雖然只有一點點，但反應後的燃料質量是會減少的。

當反物質與物質遭遇，反物質與物質會消滅（對滅，pair annihilation），並在過程中釋放出龐大的能量。發生對滅時，物質與反物質的所有質量都會轉化為能量。若與相同質量的燃料比較，其放出的能量大約是燃燒反應的30億倍。

從反物質和物質的碰撞中產生的能量是燃燒煤炭的30億倍！

來比較看看反物質和物質的相撞所產生的能量，和以其他方法所產生的能量有多大的不同。各圖中的數字代表的將1公斤的化石燃料進行燃燒產生的能量設為「1」時，等量物質以其他的方式生成的能量多寡。當500公克的物質與500公克的反物質（合計1公斤）遭遇，其生成的能量會是火力發電的30億倍。

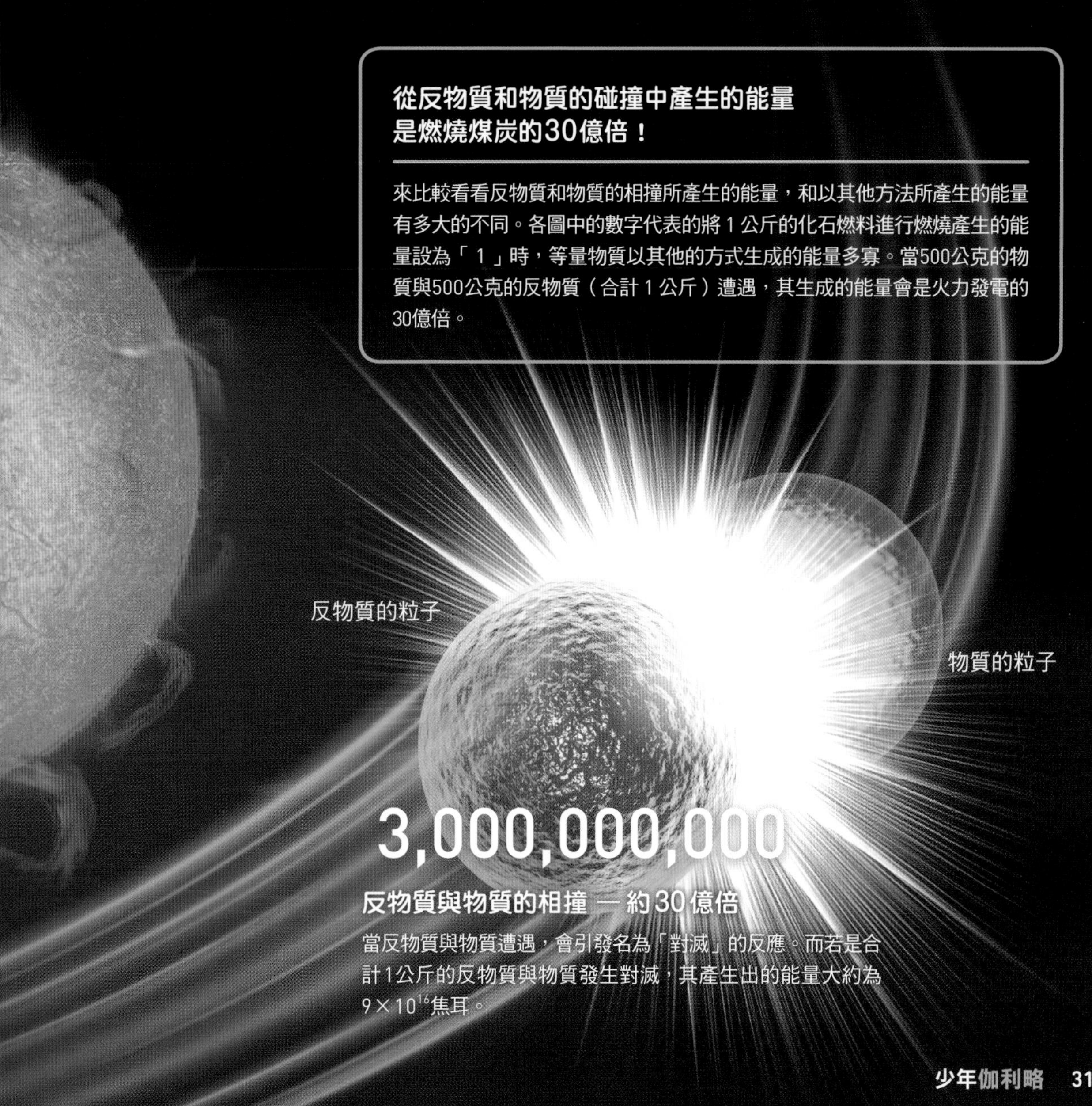

反物質的粒子

物質的粒子

3,000,000,000

反物質與物質的相撞 — 約30億倍

當反物質與物質遭遇，會引發名為「對滅」的反應。而若是合計1公斤的反物質與物質發生對滅，其產生出的能量大約為 9×10^{16} 焦耳。

反人類、反地球 也有可能存在？

反物質與物質就像是雙胞胎

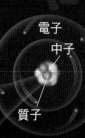

銀河

人類

銀河、行星、人類
我們的宇宙是由原子，以及由原子連接成的分子組合而成。

原子
由質子、中子與電子組成。質子帶著「+1」的電量，電子則帶有「-1」的電量。中子或原子在帶電量上為中性。

電子

中子

質子

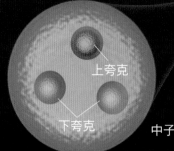

上夸克

下夸克

中子

反物質與物質遭遇時，會釋放出龐大的能量。聽到這裡，大家可能會以為反物質就像炸藥一樣容易爆炸，非常不穩定。但是事實上並非如此。

反物質本身就和構成人體的物質同樣穩定。反物質就像物質的雙胞胎。

組成物質的所有基本粒子，都有與其相對應的「反基本粒子」，而反物質就是由這些粒子組成。換句話說，與夸克幾乎一模一樣的「反夸克」是存在的，並且進一步組成「反質子」與「反中子」。然後反質子、反中子與反電子又能夠形成「反原子」。令人驚訝的是，若是反原子大量存在，那麼理論上，「反人類」甚至「反宇宙」或許也有可能存在。

中子與反中子
雖然中子與反中子都不帶電，但構成兩者的夸克與反夸克，彼此帶著相反的電量。

物質的世界與反物質的世界
彼此就像鏡子反射出來的一樣

反物質與物質的世界中,「粒子所帶的
正負電」是剛好相反的。除此之外,質
量與自轉的速率(自旋的量)等性質是
完全相同的。舉例來說,電子帶有負的
電量,而與對應的「反電子」則帶有正
的電量。

反銀河

反人類

反銀河、反行星、反人類
若是有大量的反原子存在,那麼由這些
粒子組成的反人類或反銀河,理論上也
應該存在。

反電子
反中子
反質子

反原子
由反質子、反中子與反電子組成。反質
子帶有「−1」的電量,反電子則帶有
「+1」的電量。反中子與反原子在帶
電量上為中性。

反上夸克

反下夸克

反中子

反基本粒子
經過實驗得知,基本粒子都有與其對
應的「反基本粒子」存在。為了研究
這些反基本粒子究竟是否具有與基本
粒子相似的性質,世界各地都在進行
製造反基本粒子的實驗。

基本粒子
各種物質放大到最後,都是由基本
粒子組成的(關於基本粒子的介紹
請見第22~23頁)。

反物質從宇宙中消失之謎

因為未知的過程，普通的基本粒子數量比較多

　　身邊的物質不含有反粒子，也並未觀察到由反物質形成的天體。這究竟是為什麼呢？

　　反粒子可以透過與「對滅」相反的「對生」（pair production）的過程產生。若是將帶有高能量的 r 射線照向原子核，就能夠產生一對電子與正子（反電子）。那麼，當生成宇宙的大爆炸發生的時候，普通的基本粒子與反粒子也應該要「以相同數量產生」才對。

　　物理學家認為，只有反粒子被消除的原因，或許是因為大爆炸發生之後某種機制的運作，使得普通的基本粒子數量變得比反粒子更多，因而讓普通的基本粒子得以逃過對滅殘留下來。根據理論，從對滅殘留的普通基本粒子，10億個之中約只有 2 個。就是這些為數不多的「幸運粒子」，組成我們所生活的宇宙。

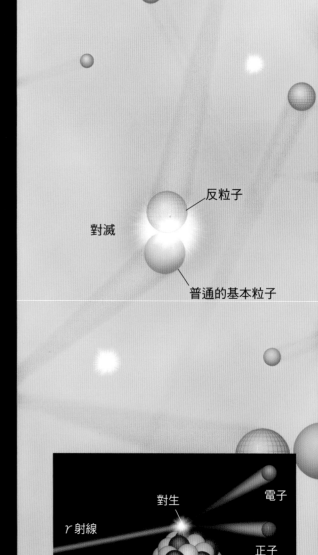

反粒子

對滅

普通的基本粒子

對生

電子

r 射線

正子
（反電子）

原子核

電子與正子的「對生」

當 r 射線照射到原子核時，一對電子與正子（反電子）會生產出來（對生）。在過程中，r 射線的能量轉換為電子與正子的質量。

大爆炸後的宇宙

圖中描繪了宇宙剛剛誕生時，基本粒子與相對應的反粒子，發生對滅讓彼此消失的情形。透過某種未知的過程，反粒子的數量略少，因此讓一部分的基本粒子得以逃過對滅，進而形成了現在的宇宙。

註：普通的基本粒子與反粒子，有相當多種，這裡只簡單將所有粒子描繪成相同顏色的球體。

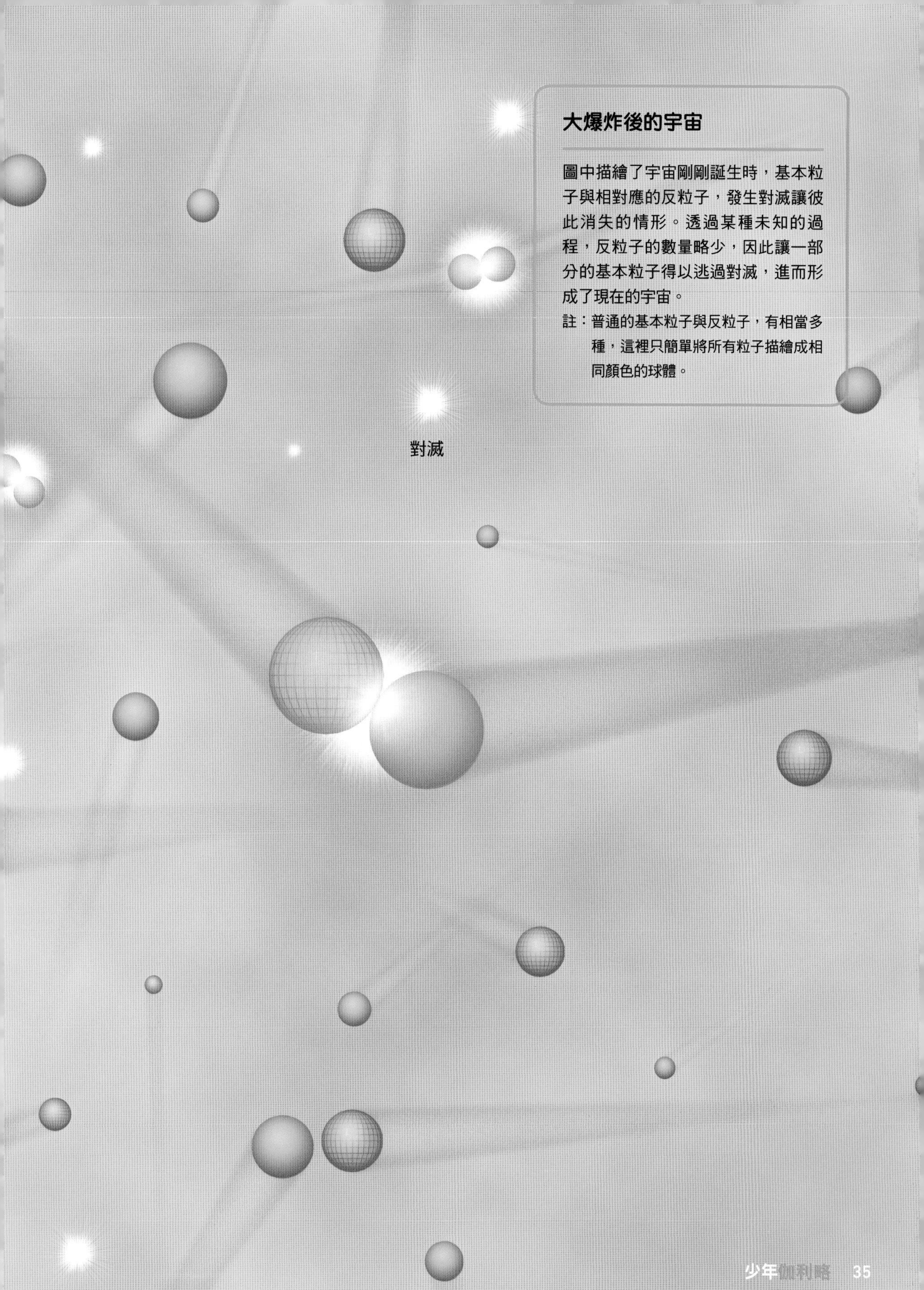

對滅

以人工方式製造出反物質！

世界各地的粒子加速器持續進行實驗

利用稱為「粒子加速器」的實驗裝置，發現比反電子更重的其他反粒子。舉例來說，於粒子加速器中讓高速（＝高能量）的電子與反電子發生碰撞的話，對滅的兩者會在一瞬間全部化為能量。當這些能量與加速而來的能量相加，就能夠透過對生，產生出其他物質與反物質。

「反質子」是由建於美國加州大學柏克萊分校的粒子加速器「貝伐加速器」於1955年合成。隔年，發現「反

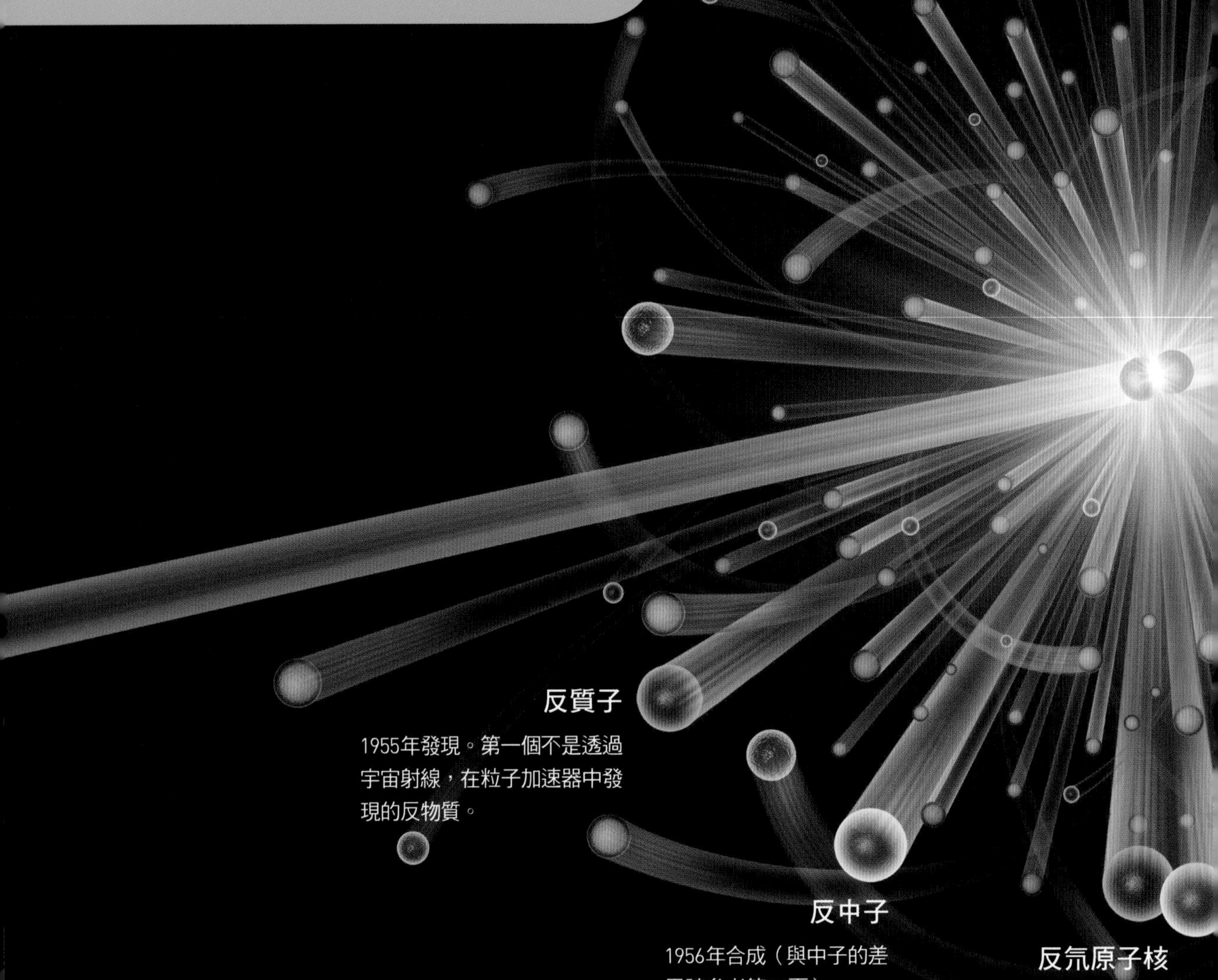

反質子

1955年發現。第一個不是透過宇宙射線，在粒子加速器中發現的反物質。

反中子

1956年合成（與中子的差異請參考第32頁）。

反氘原子核

1965年合成。由1個反質子與1個反中子構成。

中子」。自此以後，更加強力的粒子加速器陸續建立，分別於1965年、1970年、2011年合成出「反氘原子核」、「反氦3原子核」與「反氦4原子核」。1995年，結合人工製造出的反電子與反質子，還成功地製造出「反氫原子」。

研究人員利用合成出的反物質，向「宇宙起源」之謎提出挑戰。

粒子加速器是什麼？

粒子加速器是加速帶電粒子並使其產生碰撞的實驗裝置。透過粒子加速器，可以控制粒子的能量多寡，並根據想要製造的粒子，提高產生的機率。

目前透過粒子加速器，成功製造出「反質子」、「反中子」、「反氘原子核」、「反氦3原子核」、「反氦4原子核」等粒子。

反氦4原子核

2011年合成。由 2 個反質子與 2 個反中子構成。

反氦3原子核

1970年合成。由 2 個反質子與 1 個反中子構成。

宇宙存在「4種力」

重力、電磁力、強核力、
弱核力

人類居住的地球、太陽系、甚至包括廣大的宇宙，存在四種基本力（基本交互作用）。這四種力是「重力」、「電磁力」、「強核力」、「弱核力」。

所謂重力，就如同地球牽引著月球，任何具有質量的物體對另一物體產生的引力；所謂電磁力，就像帶靜電的墊板將頭髮吸上去，是帶電力或磁力的物體對另一個物體產生的引力或斥力；強核力指的是原子核內質子與中子將彼此吸引住的力；弱核力則是促成中子自發轉變為質子的力。

在日常生活中，就能體驗到多不勝數的力。而這些力，竟然只用四種力就能解釋。在發現這件令人驚訝的事實之前，物理學者可是經歷了漫長的研究歷史。

月球

重力

如同地球拉著月球，
具有質量的物體對另
一物體產生的引力。

地球

弱核力

使中子自發轉變為質子的力（「弱」是指較電磁力弱的意思）。

電磁力

如同帶靜電的墊板吸引頭髮，帶電或磁的物體對另一個物體產生的引力或斥力。

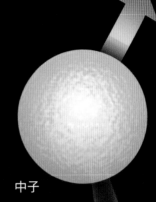

質子

中子

弱玻色子
（W⁻玻色子）

反電微中子

電子

電子

原子核

質子

中子

強核力

原子核之中的質子與中子將彼此拉住的力（「強」是指較電磁力強的意思）。

牛頓認為的
「重力」是什麼?

「與質量成比例的
『萬有引力』作用」

在四種力之中,最切身相關的就屬「重力」了吧。我們隨時隨地都承受著重力,以致於平時不會去注意到。

英國的天才科學家牛頓(Isaac Newton,1642～1727),洞察到蘋果從樹上掉落到地上的現象,月球繞著地球在天上運行的現象,都是來自於同一種力的作用,因此發現「萬有引力定律」[※]。牛頓證明具有質量的萬物之間,有著與物體質量成正比的

重力的力線

地球

與地球距離為1,
面積為1。
通過面積1的重力
力線數量為9。

地球周圍的重力

根據牛頓的萬有引力定律,重力的強度會與距離的平方成反比。圖片中將地球的重力以「重力的力線」表示。在重力力線密度越高的地方,重力就越大。3張圖片分別代表了9條力線穿透過的3個相似圖形。從力線的密度就可以明顯觀察到,地球重力的強度在與地球中心距離變為2倍時會減少至4分之1,與地球距離變為3倍時則會減少至9分之1。重力的強度與距離的平方成反比這個現象,又稱之為「重力的平方反比定律」。

萬有引力（重力）作用。

　譬如說，如果讓人造衛星的質量變為2倍，地球與人造衛星之間的重力大小也會變為２倍，而如果讓地球與人造衛星之間的距離變為２倍，地球與人造衛星之間的重力大小則會變為４分之１，這就是萬有引力定律。牛頓透過萬有引力定律，將地表的世界與天上的世界合而為一。

※：牛頓從掉落的蘋果中領悟到了萬有引力定律，是一段家喻戶曉的故事。實際上在牛頓位於伍爾索普的故居中，庭院裡確實生長著蘋果樹。然而這個故事的真實性是無法考證的。

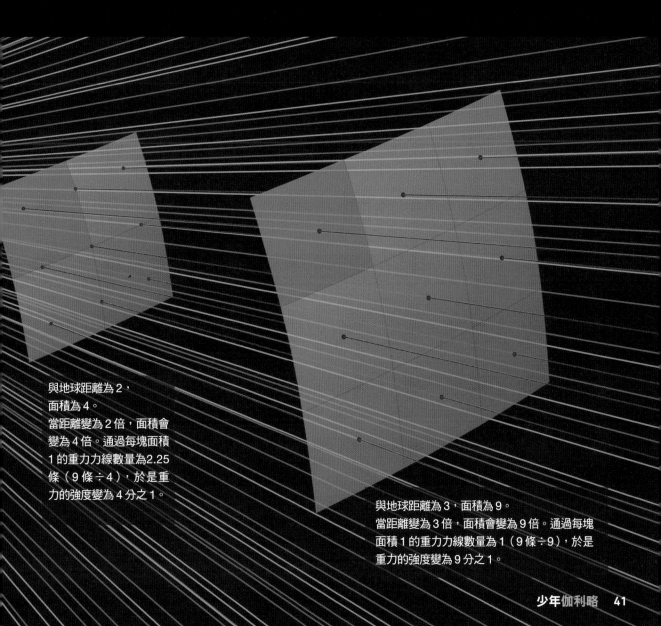

與地球距離為2，
面積為4。
當距離變為2倍，面積會變為4倍。通過每塊面積1的重力力線數量為2.25條（9條÷4），於是重力的強度變為4分之1。

與地球距離為3，面積為9。
當距離變為3倍，面積會變為9倍。通過每塊面積1的重力力線數量為1（9條÷9），於是重力的強度變為9分之1。

愛因斯坦認為的「重力」是什麼？

「具有質量的物體扭曲周圍的空間」

牛頓力學中的重力（萬有引力）

牛頓雖然證明了太陽與地球之間有萬有引力在作用，但對於萬有引力為何產生，卻沒有給出任何說明。

相對於牛頓發現的「萬有引力定律」，愛因斯坦於1915～16年發表關乎時間、空間與重力的理論「廣義相對論」。該理論指出，具有質量的物體會使周圍的空間產生扭曲。而彎曲的空間會進而影響其中的物體，使其產生移動（落下）。

愛因斯坦認為，太陽周遭的行星以同樣的方式進行橢圓運動，是太陽周遭的空間受到彎曲的緣故。不論地球與木星，就算原本想要直線前進，也會因為空間的扭曲而沿著彎曲的軌道運行。

實際上，重力的本質為何，是至今仍未解開的謎題。現代的粒子物理學者，認為世界上或許存在著能夠傳導重力的基本粒子「重子」。不過，至今仍未發現重子。

廣義相對論中的重力（時空的扭曲）

愛因斯坦認為，具有質量的物質會讓周圍的時空產生「扭曲」。若是沿著碗的邊緣以一定速率丟入彈珠，彈珠不會立刻滾入碗底，而是會沿著碗的側面繞行一段時間。地球也是順著太陽製造出的時空扭曲，在太陽周圍繞行。彈珠不久會因為與碗之間的摩擦力，滾入碗底，但地球是在幾乎真空的宇宙空間之中公轉，因此不會停下來。

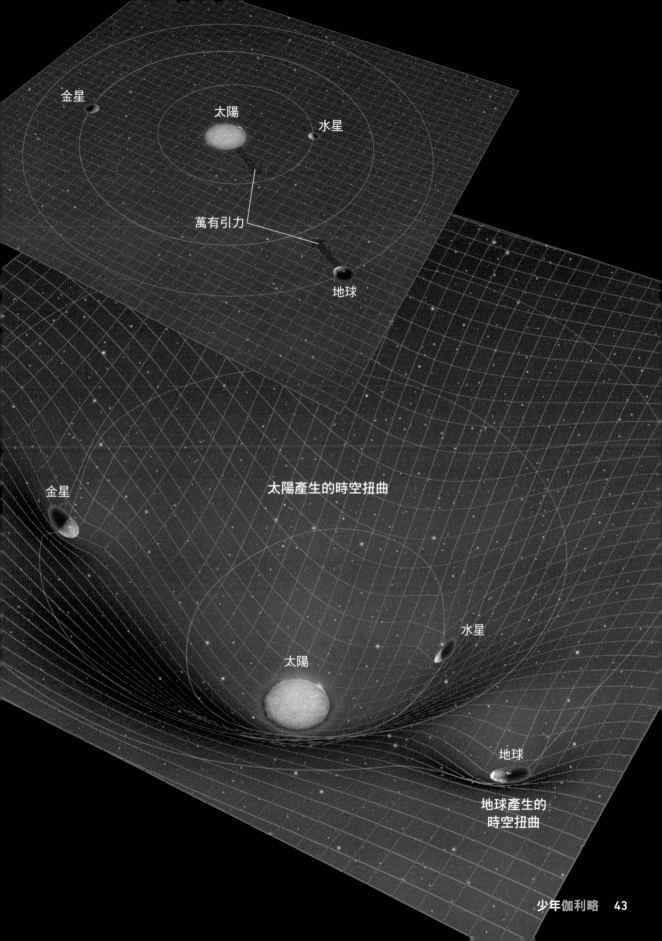

金星

太陽

水星

萬有引力

地球

太陽產生的時空扭曲

金星

水星

太陽

地球

地球產生的
時空扭曲

將磁力與電力融合為一

磁力與電力統稱為「電磁力」

電場

電力線

電力與磁力過去曾經當成不相干的事物，實際上是一體兩面。

英國物理學家馬克士威（James Clerk Maxwell，1831～1879）得出這項結論：「磁力與電力在本質上是一樣的。」而從英國化學家法拉第（Michael Faraday，1791～1867）發現能夠以磁鐵讓電線產生電力開始，漸漸理解到磁力與電力之間似有若無的關聯性。

法拉第於1831年發現「電磁感應定律」，而馬克士威則在1864年將磁力與電力的關係整合為「馬克士威方程式」。從此，磁力與電力就統稱「電磁力」來說明理解。

磁場

磁力線

磁場與電場

磁鐵的力所能影響到的範圍，稱為「磁場」。另外，電力所能造成影響的範圍，則稱為「電場」。19世紀時，發現磁力與電力之間有著密不可分的關係，因此將磁力與電力統一為電磁力來說明理解。

讓電流流經導線，導線周圍會產生磁場

將磁鐵放入或移出線圈，線圈中會產生電流

（左）讓電流流經導線，導線周圍會產生磁場。放置於導線下方的指南針，其N極會指向與磁場相同的方向。丹麥物理學家與化學家厄斯特（Hans Ørsted，1777～1851）於1820年發現此現象。

（右）將磁鐵進出線圈，會讓線圈產生電流。這個現象稱為「電磁感應」，是發電廠產生電力的原理。

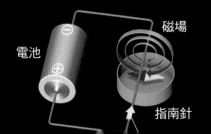

電池　　　　　磁場

指南針

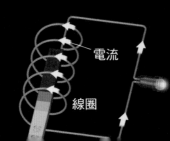

電流

線圈

磁力就像是
電子的「自轉」

帶電的物體自轉
就變成磁鐵

深 人考究磁鐵的N極與S極，最後的終點就是電子。

電子之類的基本粒子，每個都帶有「自旋」（spin）這個自轉般的性質。當帶電的粒子開始旋轉，就會成為微小的磁鐵。而若是將許多小磁鐵般的電子聚集起來，讓它們的自轉方向同步的話，就會成為大型磁鐵。這就是磁鐵的本質。

當電流通過螺旋狀的線圈時，線圈就會成為電磁鐵。同理，當帶電的電

磁力與電子

因為電子這個無法再進一步分割的「基本粒子」，也帶有N極與S極，因此無論如何將磁鐵分割，最後都一定會產生N極與S極。電子具有「自旋」這個自轉般的性質，而自旋也讓電子帶有自己的磁性。

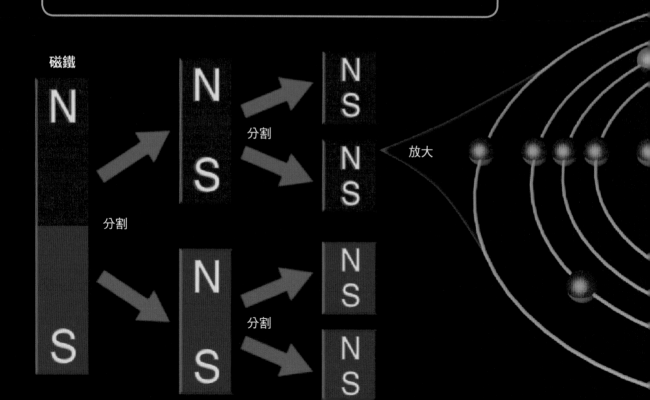

磁鐵

分割

分割

分割

放大

子自轉，就相當於環狀的電流流過，
便會成為磁鐵。

　　自旋是因20世紀前半登場的「狹
義相對論」與「量子力學」才揭露出
來。「狄拉克方程式」整合狹義相對
論及量子力學基礎的「薛丁格方程
式」，從中順理成章地推導出自旋的
性質。

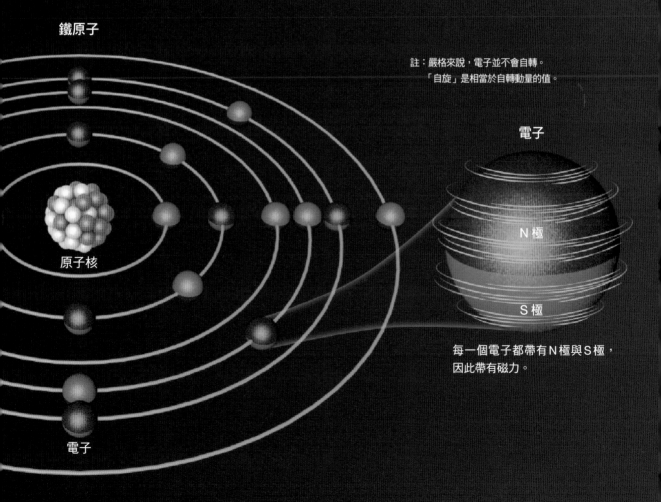

鐵原子

註：嚴格來說，電子並不會自轉。
　　「自旋」是相當於自轉動量的值。

電子

原子核

N極

S極

電子

每一個電子都帶有N極與S極，
因此帶有磁力。

Coffee Break

以電磁力
來說明我們的
日常生活？

日常生活中體驗的事物，絕大部分都能夠用「電磁力」來說明。

舉例來說，當球棒打中球的瞬間，球棒的電子會與球的電子互斥，因此球才不會穿過球棒。相反地，球棒會讓球像是枕頭般的凹下去。這麼一來，變形的球本身帶有的電子又會彼此排斥，使其無法維持變形後的形狀而膨脹回去。而正是這個膨脹回去的力道，能讓棒球高速飛向天空。

那麼，使用吸塵器來吸取垃圾的情

用球棒擊球

用吸塵器
吸取垃圾

球棒擊中球的瞬間

當球棒打到球，球棒分子的電子與球的電子會因為電磁力而互斥（如圖）。用吸塵器吸取垃圾時，空氣分子中的電子與垃圾分子中的電子，也會因為電磁力而互斥，使得垃圾受到空氣的擠壓，而吸入吸塵器裡面。

註：圖片中為求簡略，只描繪了球棒主成分的碳原子，以及球主成分的碳原子。

況呢？

　　當用吸塵器清掃時，吸塵器的本體會因為空氣抽出而呈真空狀態※。於是空氣中的分子就能夠被吸塵器吸進去。此時，空氣分子的電子與垃圾的電子互斥，空氣推著垃圾前進。如此一來，空氣的分子會推擠垃圾，將垃圾送入吸塵器裡面。

※：吸塵器的內部並非完全真空，而是壓力比大氣壓力更低的狀態。

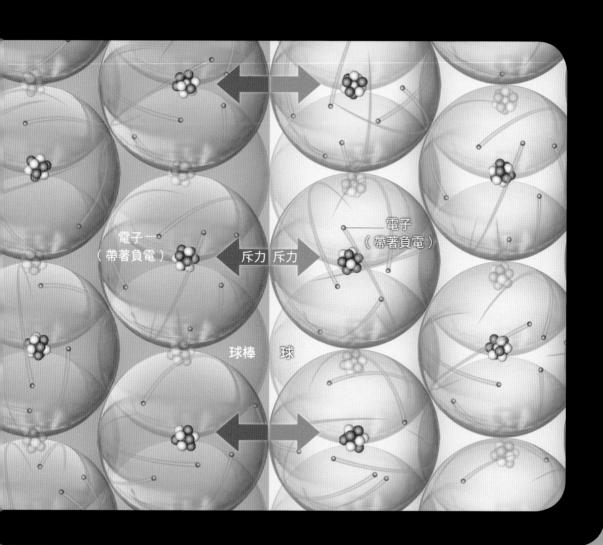

電子
（帶著負電）

電子
（帶著負電）

斥力 斥力

球棒　球

傳遞「電磁力」
的基本粒子

光子

在磁鐵的 N 極與 S 極，有無法
看見（觀測）的光子進出其中。

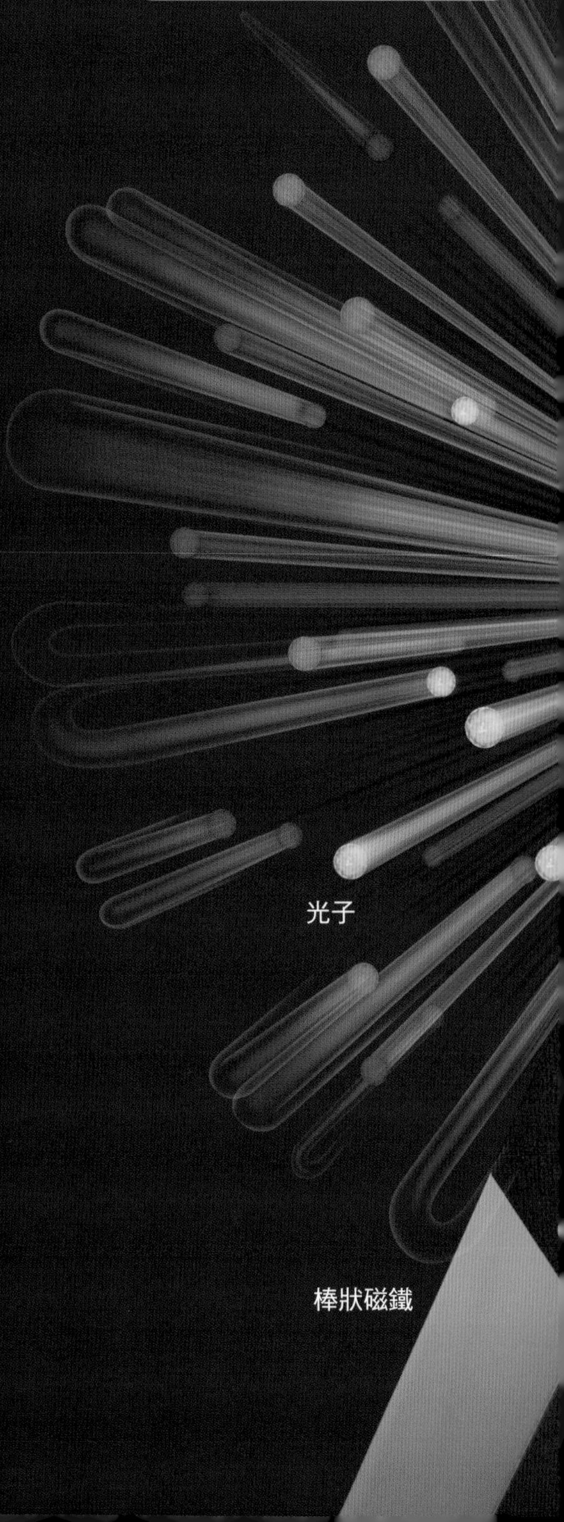

實 際上，可以將力當成是基本粒子
來回往返的作用。傳遞電磁力
的是稱為「光子」（photon）的基本
粒子。

　光子作為基本粒子，是「光（電磁
波）」無法再繼續分割的基本單位。
電磁波是傳遞電磁場的波，包含可
見光、無線電波、紫外線、X射線等
等。以微觀世界的物理法則「量子力
學」觀點來說，電磁波不僅擁有波的
性質，同時具有粒子的性質。這邊提
到的粒子就是光子。不過，並無法看
見（觀測）傳遞電磁力的光子。

　當光子在磁鐵 N 極中的電子，以及
S 極中的電子之間來回往返，就會產
生引力，而在同極的電子之間來回往
返會產生斥力。這就是為什麼磁鐵的
N 極與 S 極能夠互相吸引，而同極之
間則會互相排斥。

光子

棒狀磁鐵

1

光子

2

3

互相接近並緊密貼合的N極與S極

由N極電子放出的光子，會受到附近其他
磁鐵的S極電子吸收，於是讓N極與S極
之間產生引力。相同地，由S極電子放出的
光子，若被附近其他磁鐵N極中的電子吸
收，也會讓S極與N極之間產生引力。因
此N極與S極會因為引力而互相接近，最
後貼在一起。

另外，N極（S極）的電子釋放出的光
子，若是被附近其他磁鐵的N極（S極）吸
收，兩個N極（S極）之間則會產生斥力。

原子核是如何存在的呢？

「介子」將質子與中子連結起來

原子核由質子與中子組成，這件事早在1930年代就廣為人知。但是，為什麼帶有正電的質子會與不帶電的中子互相結合，卻是當時無法回答的謎題。

日本物理學家湯川秀樹博士（1907～1981）在1935年發表了「介子論」，以理論預言是尚未發現的粒子「介子」將質子與中子連結在一起。介子於中子與質子之間往返，產生的引力比質子之間的電磁斥力要更強大，因此能夠讓質子與中子維持結合的狀態。這個「比電磁力還要強的力」，命名為「核力」。

湯川博士所預言的介子（π介子），在1947年發現，是宇宙射線中的質子與地球空氣中的氮或氧的原子核碰撞而產生。

中子

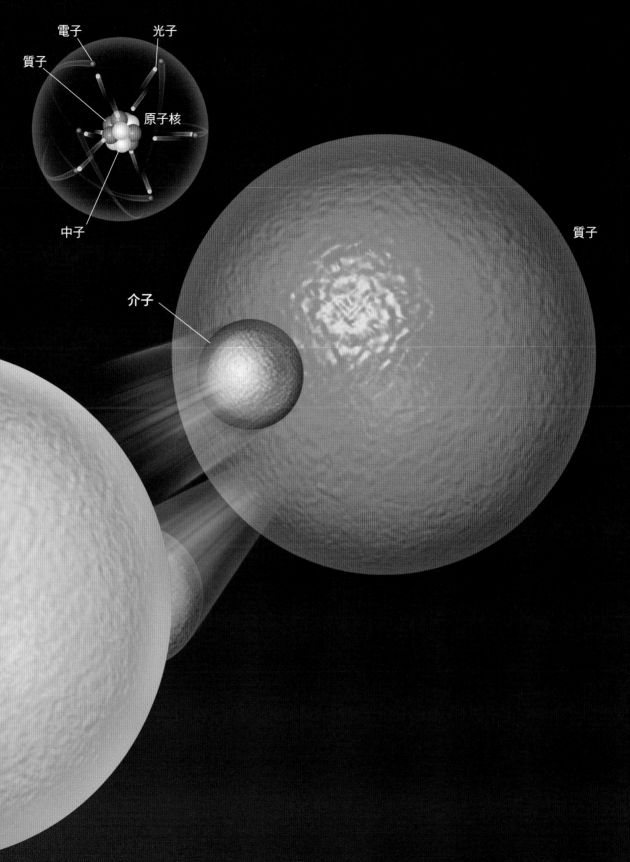

電子

光子

質子

原子核

中子

介子

質子

傳遞「強核力」的基本粒子

膠子

質子

上夸克

膠子

質子與中子是由三個夸克組成。而三個夸克之所以能夠聚合成質子或是中子，是因為夸克之間有「膠子」（gluon）這個基本粒子的作用，進而產生「強核力」。

強核力的性質就像是彈力繩或是彈簧一樣，當兩個夸克之間距離隔得越遠，強核力就會變得更強，而越靠近時就會變得越弱。當質子與中子之中的夸克彼此互相靠近時，強核力會減弱，讓夸克能夠自由移動。不過這些夸克若試圖掙脫，強核力就會突然增強，使其無法輕易地掙脫。

另外，讓原子核中的質子與中子結合在一起的 π 介子，也是夸克與反夸克透過強核力結合而成的粒子。π 介子往返產生的核力，也可以解釋為膠子往返產生出的強核力其中一種。

在夸克之間往返的膠子

在質子與中子的內部，夸克之間由於膠子的往返而造成強核力。

註：在夸克之間往返的膠子，和在電子與原子核之間往返的光子一樣，都是無法看見（觀測）的。

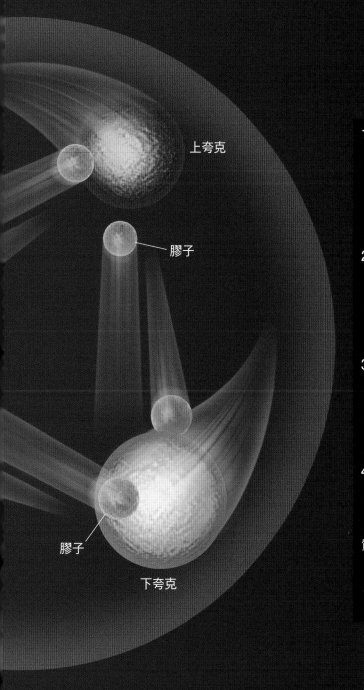

上夸克

膠子

膠子

下夸克

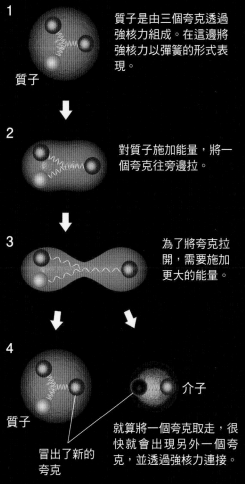

1

質子

質子是由三個夸克透過強核力組成。在這邊將強核力以彈簧的形式表現。

2

對質子施加能量，將一個夸克往旁邊拉。

3

為了將夸克拉開，需要施加更大的能量。

4

質子

介子

冒出了新的夸克

就算將一個夸克取走，很快就會出現另外一個夸克，並透過強核力連接。

夸克無法單獨取出

透過強核力連接的夸克，就算施加強核力將它取出，很快地就會有新的夸克冒出來，並再度透過強核力與其他夸克連接。這個新冒出來的夸克，是夸克在掙脫強核力的束縛時所獲得的能量，轉換為成對的夸克與反夸克。因此，夸克無法單獨取出。

傳遞「弱核力」的基本粒子

弱玻色子

原子核之中有一些性質不穩定，會隨著時間轉變的東西。為什麼會產生這樣的轉變呢？科學家認為一定有某種特殊的力在作用才對。這就是「弱核力」發現的過程。

舉例來說，在考古學「碳同位素定年法」使用的碳14，因為弱核力的作用而變成氮14。由於碳14的原子核不穩定，隨著時間經過，其中一個中子會轉變為質子、電子及反電微中子，變成氮14的原子核。造成了這種變化

碳 14 的變化

碳14的原子核隨著時間經過，其中的一個中子會衰變為質子，讓整個原子核變為氮14的原子核。這個過程稱為「β衰變」，是受到弱核力的影響而引發的反應。

註：弱玻色子就和光子與膠子一樣，無法看見（觀測）。

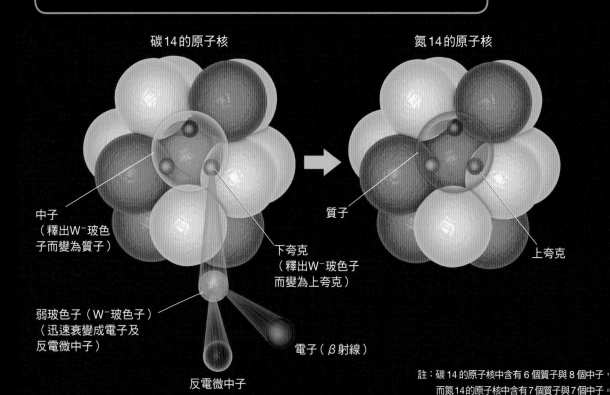

碳 14 的原子核　　　　　　　　　　　　氮 14 的原子核

中子
（釋出W⁻玻色子而變為質子）

下夸克
（釋出W⁻玻色子而變為上夸克）

質子

上夸克

弱玻色子（W⁻玻色子）
（迅速衰變成電子及反電微中子）

電子（β射線）

反電微中子

註：碳 14 的原子核中含有 6 個質子與 8 個中子，而氮14的原子核中含有7個質子與7個中子

的正是弱核力。

　傳遞弱核力的基本粒子稱為「弱玻色子」，又分為帶有正電的W^+玻色子，帶有負電的W^-玻色子，以及電中性的Z玻色子這3種。在碳14的衰變中，中子裡面的一個下夸克會轉換為上夸克以及W^-玻色子。而這個W^-玻色子會瞬間再變化為電子與反電微中子。

地熱與弱核力

地球內部蓄積著大量的熱能（地熱），而地熱也是火山噴發及地震發生的原因。地熱的熱源之中，有一部分即來自於弱核力引發的放射性物質衰變（β衰變）。

基本粒子
有這麼多種！
「構成物質的基本粒子」及
「傳遞力的基本粒子」

整理一下到目前所講述的內容吧。美國物理學家蓋爾曼等人於1964年，分別透過理論預言質子與中子之中，有尚未發現的基本粒子存在。其後於1969年，實驗證實質子與中子之中有著複數的基本粒子。這些構成質子與中子的基本粒子，命名為「上夸克」與「下夸克」。

　　此後，又以理論預言許多新的粒子，並透過實驗證實存在。於是，現代粒子物理學之中的基礎「標準模型」（Standard Model）就此建立。在標準模型中，物質以「構成物質的基本粒子」組成，並靠「傳遞力的基本粒子」結合在一起。

　　傳遞力的基本粒子中，包含傳遞電磁力的「光子」，傳遞強核力的「膠子」，傳遞弱核力的「弱玻色子」，以及傳遞重力的「重子」。

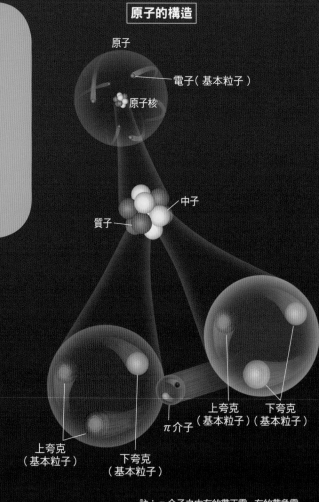

原子的構造

原子

電子（基本粒子）

原子核

中子

質子

π介子

上夸克
（基本粒子）

下夸克
（基本粒子）

上夸克
（基本粒子）

下夸克
（基本粒子）

註：π介子之中有的帶正電、有的帶負電、有的是電中性，共有這3種。

原子與基本粒子

基本粒子包含構成物質的基本粒子及傳遞力的基本粒子（如右頁圖）。構成物質的基本粒子，分為夸克及輕子兩個族群。基本粒子有正負電相反的「反基本粒子（反粒子）」（如右頁下圖）。介子是由夸克與「反夸克」（與夸克正負電相反的基本粒子）相連而成的粒子。

基本粒子

構成物質的基本粒子

夸克

 上夸克　 魅夸克　頂夸克

下夸克　奇夸克　底夸克

電微中子　緲微中子　濤微中子

輕子

電子　緲子　濤子

傳遞力的基本粒子

 光子
[電磁力]

 弱玻色子（W玻色子）[弱核力]　 弱玻色子（Z玻色子）[弱核力]

 膠子
[強核力]

重子
[重力]

希格斯玻色子

註：在傳遞力的基本粒子中，弱玻色子分為帶正電的W+玻色子，帶負電的W⁻玻色子，以及電中性的Z玻色子這3種。另外，重子目前仍未發現，未包含在標準模型之中。

反原子的構造

反原子

反電子（反基本粒子）

反原子核

反中子

反質子

π介子

反上夸克（反基本粒子）　反下夸克（反基本粒子）

反上夸克（反基本粒子）　反下夸克（反基本粒子）

反基本粒子

構成反物質的基本粒子

反夸克

 反上夸克　 反魅夸克　 反頂夸克

 反下夸克　 反奇夸克　 反底夸克

 反電微中子　 反緲微中子　 反濤微中子

反輕子

 正子（反電子）　 反緲子　 反濤子

註：光子、Z玻色子、膠子、重子、希格斯玻色子並沒有基本粒子與反基本粒子的區別。W+玻色子的反基本粒子是W⁻玻色子，W⁻玻色子的反基本粒子是W+玻色子。

物理學家追尋的「統一場論」

想將四種力合而為一，
用一套理論說明

物理學家希望用少數的基本力，就足以說明各式各樣的現象，這就是所謂的「統一場論」。最終的目標是能將所有的力統合成一種力，並用這個力去說明所有的物理現象。物理學家認為藉由統一場論，或許一直以來無法理解的難題就能夠迎刃而解。

「標準模型」將各式各樣的現象以十幾種基本粒子進行說明。標準模型之中包含了數個理論，其中就

行星　蘋果（地表的物體）

電力　磁力

將天上的行星與地表
的物體之運動統一

牛頓　馬克士威

電力與磁力的統一
1831 年 法拉第：電磁感應定律

1687 年 牛頓：自然哲學的數學原理
萬有引力定律　　牛頓力學

1864 年 馬克士威：馬克士威方程式
電磁學

牛頓力學與
電磁學的統一

1888 年 赫茲：發現電磁波

1905 年 愛因斯坦：狹義相對論

重力納入
相對論之中

狹義相對論、電磁學、量子力學、
γ 射線理論的統一

1915～16年愛因斯坦：廣義相對論
重力

1948～49 年 朝永振一郎、施溫格、費曼：重整理論
量子電動力學（電磁力）

弱核力

愛因斯坦

電磁力與弱核力的統一

標準模型
1967 年 溫伯格、薩拉姆：電弱統一理論
電弱統一理論

強核力

電磁力、弱核力、
強核力的統一？

四種力的統一？

1974年 喬吉、格拉肖：大統一理論
大統一理論？

1984 年 格林、施瓦茨：超弦理論
超弦理論？

有四種基本力的「電磁力」、「弱核力」與「強核力」。在這之中，電磁力與弱核力即透過「電弱統一理論」而統一。

試圖將電磁力與弱核力和強核力三者合併的「大統一理論」也是存在的。除此之外，也有為了將四種基本作用力合併在一起而提出的「超弦理論」。

統一場論的歷史

下圖將統一場論的歷史繪製成樹狀圖。越往下走，時代就越新，越接近統一。於1974年提出的大統一理論，其正確性尚未經過實驗的驗證。而超弦理論的研究至今仍在繼續，是未完成的理論。

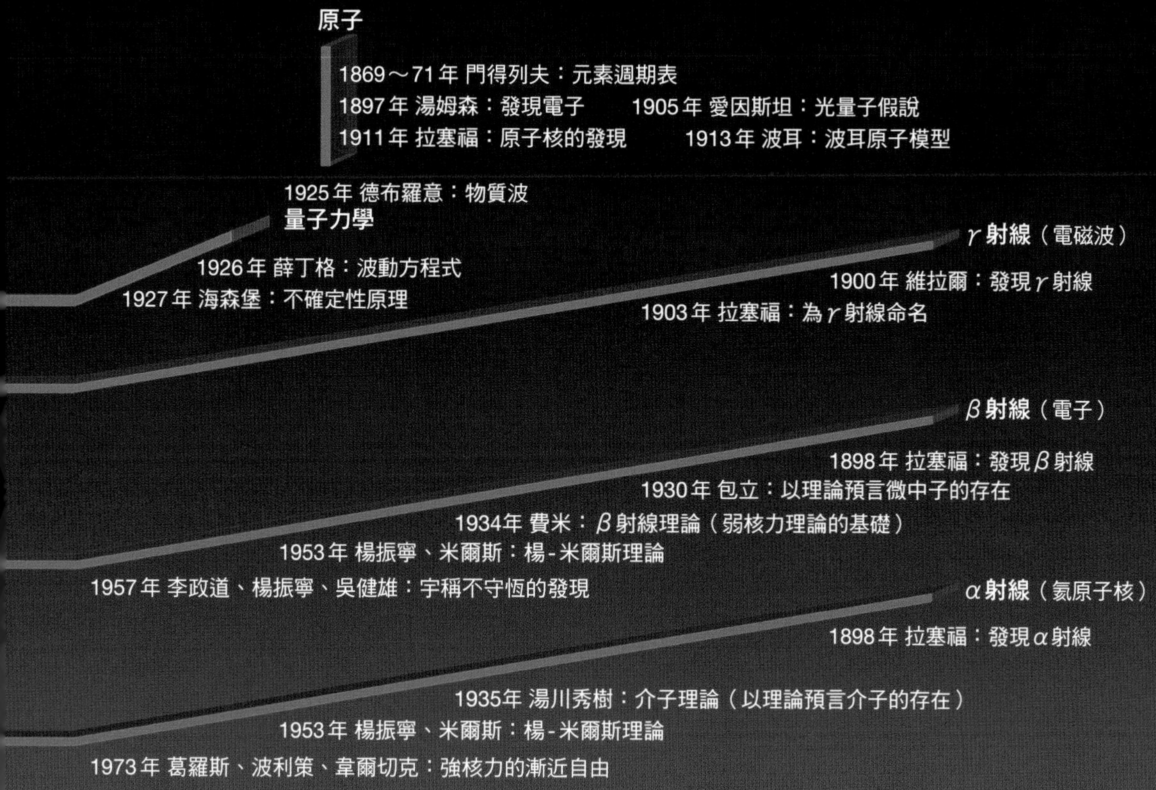

原子

1869～71年 門得列夫：元素週期表
1897年 湯姆森：發現電子　　1905年 愛因斯坦：光量子假說
1911年 拉塞福：原子核的發現　　1913年 波耳：波耳原子模型

1925年 德布羅意：物質波
量子力學

γ 射線（電磁波）

1926年 薛丁格：波動方程式
1927年 海森堡：不確定性原理

1900年 維拉爾：發現 γ 射線
1903年 拉塞福：為 γ 射線命名

β 射線（電子）

1898年 拉塞福：發現 β 射線
1930年 包立：以理論預言微中子的存在
1934年 費米：β 射線理論（弱核力理論的基礎）
1953年 楊振寧、米爾斯：楊-米爾斯理論
1957年 李政道、楊振寧、吳健雄：宇稱不守恆的發現

α 射線（氦原子核）

1898年 拉塞福：發現 α 射線

1935年 湯川秀樹：介子理論（以理論預言介子的存在）
1953年 楊振寧、米爾斯：楊-米爾斯理論
1973年 葛羅斯、波利策、韋爾切克：強核力的漸近自由

傳遞力的基本粒子，像在冰上丟接球？

以基本粒子為媒介，在基本粒子之間作用的力，要如何理解比較好呢？雖然原理並不完全一致，但可以從以下的例子來著手。

兩個人穿著溜冰鞋，在冰上面對面站著（右頁上段圖）。這時右邊的人對左邊的人丟出一顆球。將球投出之後，手會受到球的反作用力，因此朝跟球相反的右邊移動。同時，左邊的人在接到球時，會受到球的推力而向左邊移動。也就是說，透過丟接球的動作，兩個人之間就像是產生了斥力一般。

在基本粒子之間作用的力，也是透過傳遞東西而產生的。舉例而言，帶電的電子，能夠透過將「光子」※傳遞給彼此而產生斥力或引力。

※：光子的質量為零。雖然質量為零，但是光子卻具有能量以及運動的動量。

透過「丟接」產生的力

圖中以兩個人穿著溜冰鞋站在冰上丟接球或是丟接迴力鏢，來模擬斥力或是引力的產生過程。下圖則是繪製電子之間透過傳遞「光子」產生斥力的情形。

反作用力是什麼？

用手推牆壁的話，會感覺到牆壁像是將我們推回來的感覺。這個推回來的力，就是反作用力。另外，雖然平常不會注意到，但在丟球時，也會受到反作用力的影響，手會被推向球的反方向。

基本粒子之間透過傳遞光子，可以產生斥力或引力

光子
（光的基本粒子）

電子

斥力

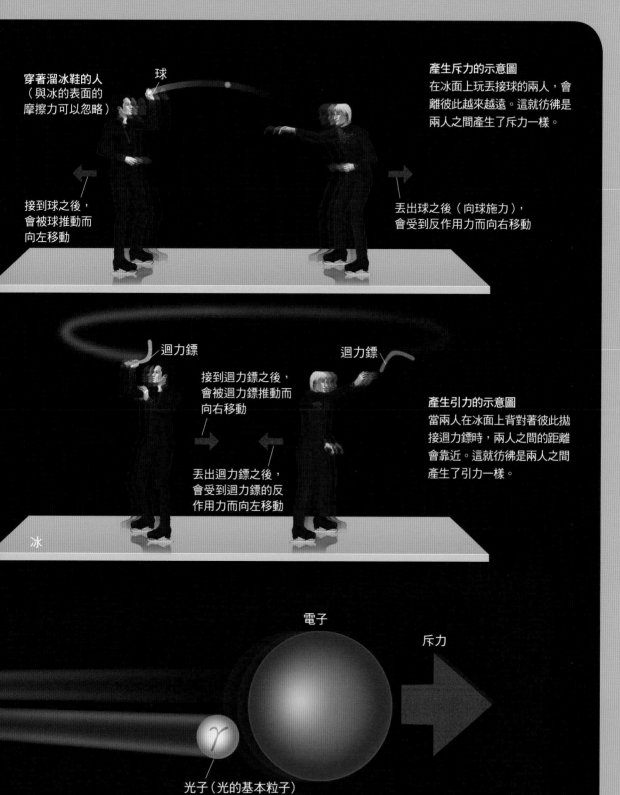

穿著溜冰鞋的人
（與冰的表面的
摩擦力可以忽略）

球

產生斥力的示意圖
在冰面上玩丟接球的兩人，會
離彼此越來越遠。這就彷彿是
兩人之間產生了斥力一樣。

接到球之後，
會被球推動而
向左移動

丟出球之後（向球施力），
會受到反作用力而向右移動

迴力鏢

迴力鏢

接到迴力鏢之後，
會被迴力鏢推動而
向右移動

產生引力的示意圖
當兩人在冰面上背對著彼此拋
接迴力鏢時，兩人之間的距離
會靠近。這就彷彿是兩人之間
產生了引力一樣。

丟出迴力鏢之後，
會受到迴力鏢的反
作用力而向左移動

冰

電子

斥力

光子（光的基本粒子）

「希格斯玻色子」終於發現了！

賦予基本粒子質量的基本粒子

在2012年7月4日，CERN（歐洲核子研究組織）宣布，在「大型強子對撞機」（請見第6頁）發現了「希格斯玻色子」。

希格斯玻色子是存在於物理學理論的基本粒子，對於標準模型（請見第60頁）來說更是不可或缺的存在。因為基本粒子有的具質量，有的不具質量，而必須要透過希格斯玻色子，物理學家才能說明這個現象。

希格斯玻色子充滿在整個空間中。根據相對論，沒有質量的物體會以光速前進，具有質量的物體則不以光速前進。物理學家認為，如果基本粒子碰撞到希格斯玻色子，就無法以光速前進。

換句話說，基本粒子有些有質量，有些沒有，就是根據是否碰撞到希格斯玻色子來決定的。

於CERN的研討會上進行發言的
恩格勒博士（左）與
希格斯博士（右）

2012年7月4日，在CERN為了發表希格斯
玻色子的發現舉行的研討會上，比利時物
理學家恩格勒博士（François Englert，
1932～）以及英國物理學家希格斯博士
（Peter Higgs，1929～）皆受邀參與。恩
格勒博士與希格斯博士，於1964年分別針
對基本粒子獲得質量的機制進行理論性的說
明。其中，希格斯博士透過理論，預言希格
斯玻色子的存在。

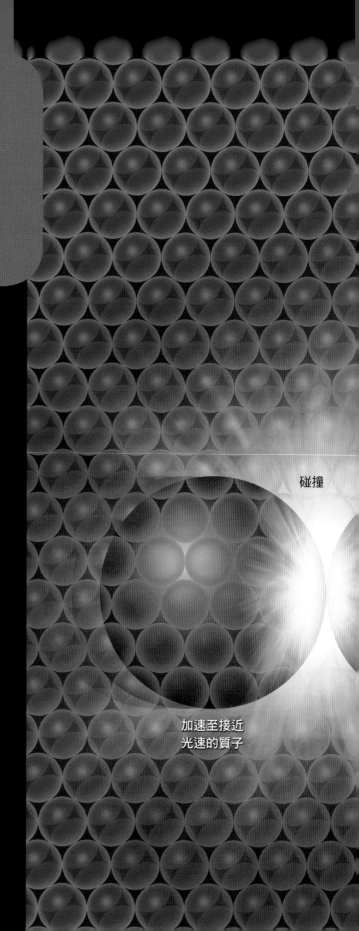

從真空中將希格斯玻色子敲打出來！

利用CERN的LHC發現希格斯玻色子

充滿空間的希格斯玻色子，無法直接透過實驗裝置觀測。由於希格斯玻色子在真空中會緊緊縮成一團，要單獨取出一個幾乎是不可能的。若要把希格斯玻色子取出，必須要以粒子加速器向真空中傾注大量的能量，將它給「敲打」出來。

CERN的巨大實驗設施LHC將這個做法付諸實現，進而發現了希格斯玻色子。

LHC將質子加速到接近光速，並使其正面碰撞。碰撞所產生的龐大能量，便將希格斯玻色子從真空中敲打出來。

分離出來的希格斯玻色子非常不穩定，會很快變化（衰變）成其他的基本粒子。因此科學家是透過檢測與分析這些第2次產生的基本粒子，回頭推測出希格斯玻色子的產生。

碰撞

加速至接近
光速的質子

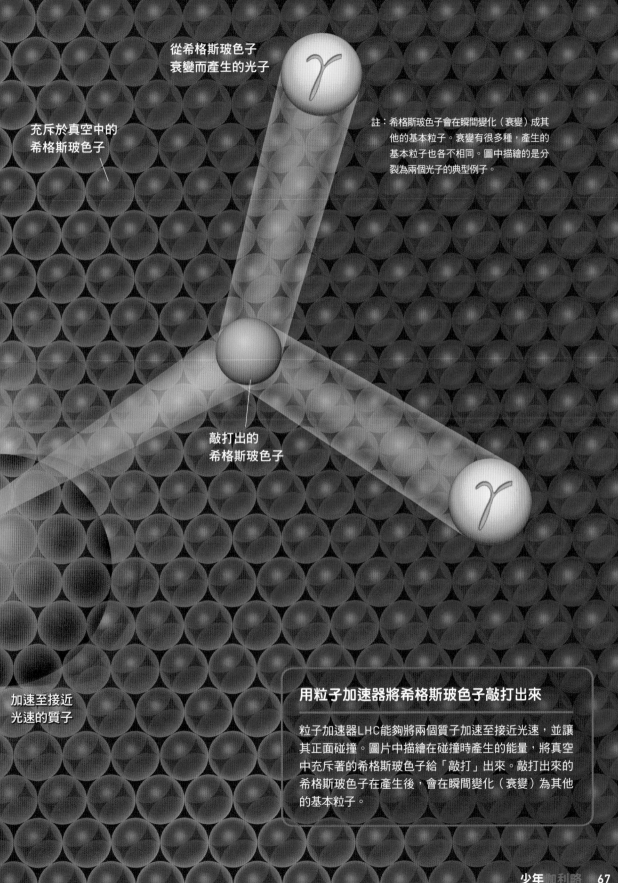

從希格斯玻色子
衰變而產生的光子

註：希格斯玻色子會在瞬間變化（衰變）成其
他的基本粒子。衰變有很多種，產生的
基本粒子也各不相同。圖中描繪的是分
裂為兩個光子的典型例子。

充斥於真空中的
希格斯玻色子

敲打出的
希格斯玻色子

加速至接近
光速的質子

用粒子加速器將希格斯玻色子敲打出來

粒子加速器LHC能夠將兩個質子加速至接近光速，並讓
其正面碰撞。圖片中描繪在碰撞時產生的能量，將真空
中充斥著的希格斯玻色子給「敲打」出來。敲打出來的
希格斯玻色子在產生後，會在瞬間變化（衰變）為其他
的基本粒子。

希格斯玻色子與基本粒子的關係

只有弱玻色子會撞上希格斯玻色子

話說回來，為什麼物理學家會認為希格斯玻色子充滿著整個空間呢？

物理學家一開始認為，所有傳遞力的基本粒子如光子，都是不帶有質量的。不過，發現傳遞弱核力的弱玻色子具有質量，為了解釋這個現象，便假設希格斯玻色子的存在。

有了希格斯玻色子，原本無法分別開來的電磁力與弱核力，終於能夠當成兩種力來考慮。希格斯玻色子並非

傳遞力的基本粒子與希格斯玻色子的關係

在宇宙誕生之後，傳遞力的基本粒子的質量都是零，因此都是以光速飛行（圖片左側）。當宇宙冷卻，空間逐漸充滿希格斯玻色子，這時只有弱玻色子會與希格斯玻色子碰撞，因而獲得了質量（圖片右側）。

註：重子（傳遞重力的基本粒子）雖然尚未發現，但由於重力可以傳遞到相當遠的地方，因此認為不會與希格斯玻色子碰撞（不具有質量）。

光子
（傳遞電磁力的基本粒子）

膠子
（傳遞強核力的基本粒子）

弱玻色子
（傳遞弱核力的基本粒子）

一開始就充滿整個空間，而是在宇宙誕生之後，在超高溫、超高密度的宇宙冷卻的過程中，才開始佔據空間。於是，希格斯玻色子直到充滿空間之前都一樣不具質量，無法分別開來的光子與弱玻色子之中，只有弱玻色子賦予了質量，因此有了分別。

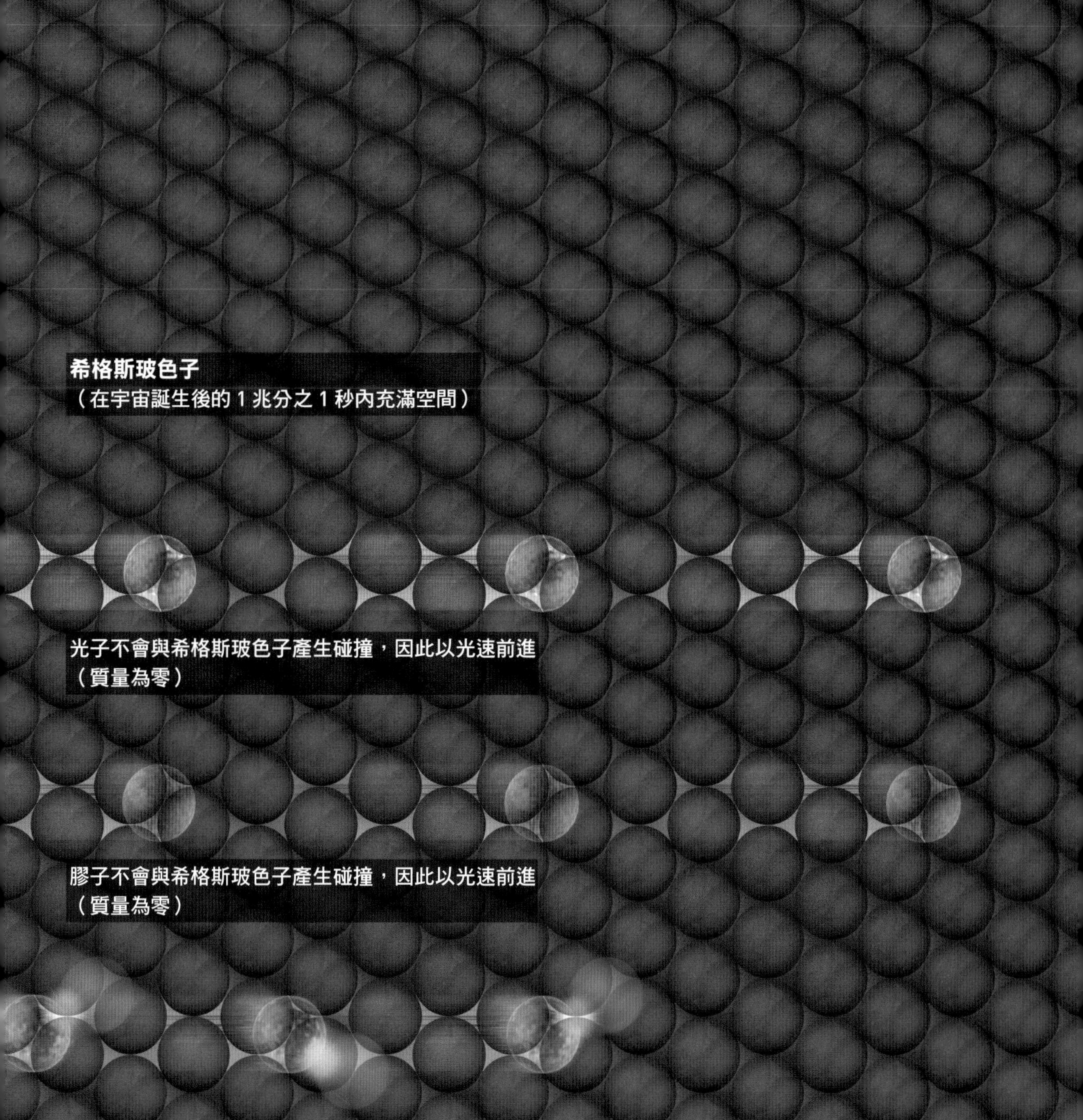

希格斯玻色子
（在宇宙誕生後的 1 兆分之 1 秒內充滿空間）

光子不會與希格斯玻色子產生碰撞，因此以光速前進
（質量為零）

膠子不會與希格斯玻色子產生碰撞，因此以光速前進
（質量為零）

宇宙誕生時四種力之間無法區分

用統一場論進一步了解初期的宇宙

宇 宙誕生後的 1 兆分之 1 秒內（10^{-12}秒內），也就是希格斯玻色子充滿空間之前，電磁力與弱核力是無法區分開來的。

　　將時間再往前回溯一點，在宇宙誕生後的10^{-40}秒之前，電磁力、弱核力、強核力這三種力無法區別。而在10^{-43}秒內，電磁力、弱核力、強核力、重力這四種力是沒有分別的。

　　物理學家建立了「電弱統一理論」（請見第60頁），以同一個理論說明

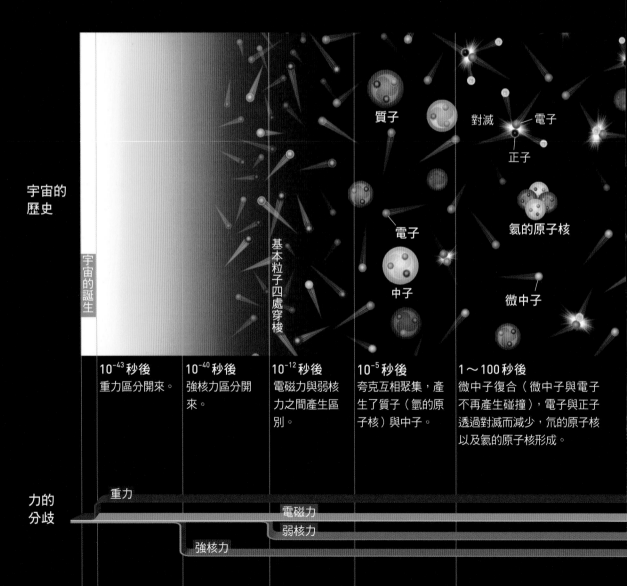

質子

對滅　電子

正子

電子

氦的原子核

中子

微中子

宇宙的歷史

宇宙的誕生

基本粒子四處穿梭

力的分歧

重力

電磁力

弱核力

強核力

10^{-43}秒後
重力區分開來。

10^{-40}秒後
強核力區分開來。

10^{-12}秒後
電磁力與弱核力之間產生區別。

10^{-5}秒後
夸克互相聚集，產生了質子（氫的原子核）與中子。

1～100秒後
微中子復合（微中子與電子不再產生碰撞），電子與正子透過對滅而減少，氘的原子核以及氦的原子核形成。

了電磁力與弱核力。或許透過電弱統一理論，能夠一窺宇宙初期電磁力與弱核力之間尚無法區分時的情形。如果「大統一理論」（請見第60頁）能透過實驗證實其正確性，並將電磁力、弱核力與強核力三者統一，這將會大幅有助於人類理解更早以前的宇宙樣貌。

宇宙的歷史與力的分歧

一般認為，我們所在的宇宙年齡大約是138億年（圖片上段）。四種基本作用力在宇宙誕生時，是無法區分開來的，而隨著時間經過，這些力才一個一個分開來（圖片下段）。

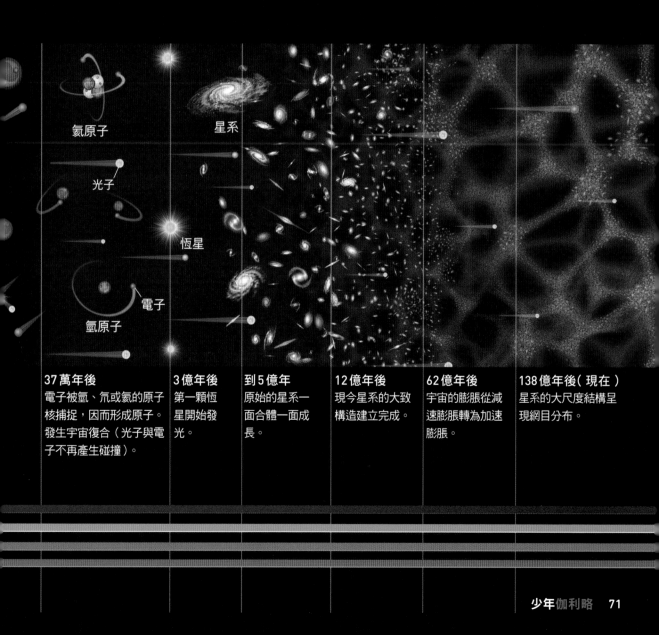

氦原子

星系

光子

恆星

電子

氫原子

37萬年後
電子被氫、氘或氦的原子核捕捉，因而形成原子。發生宇宙復合（光子與電子不再產生碰撞）。

3億年後
第一顆恆星開始發光。

到5億年
原始的星系一面合體一面成長。

12億年後
現今星系的大致構造建立完成。

62億年後
宇宙的膨脹從減速膨脹轉為加速膨脹。

138億年後（現在）
星系的大尺度結構呈現網目分布。

什麼是「超對稱粒子」？

能夠證實大統一理論的基本粒子

以超對稱理論為依據的「超對稱粒子」，其存在與否是科學家經常思考的問題。超對稱粒子是尚未發現的基本粒子。

在標準模型中，基本粒子可以分為「構成物質的基本粒子」與「傳遞力的基本粒子」。而超對稱粒子分為「構成物質的基本粒子搭檔」與「傳遞力的基本粒子搭檔」。前者有著與傳遞力的基本粒子相似的性質，而後者則有著與構成物質的基本粒子相似

基於標準模型的基本粒子（左）和超對稱粒子（右）

基本粒子有著相當於自轉動量的數值「自旋」（在圖片中表現為紅色箭頭）。構成物質的基本粒子與傳遞力的基本粒子的搭檔，自旋的數值都一樣為半整數（整數 $+\frac{1}{2}$）。傳遞力的基本粒子與構成物質的基本粒子的搭檔，自旋的數值都一樣為整數。

基本粒子（基於標準模型的基本粒子）

構成物質的基本粒子　　　　**傳遞力的基本粒子**

上夸克　魅夸克　頂夸克

夸克

下夸克　奇夸克　底夸克

光子
[電磁力]

弱玻色子
（W玻色子）
[弱核力]　弱玻色子
（Z玻色子）[弱核力]

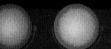

電微中子　緲微中子　濤微中子

膠子
[強核力]

輕子

電子　緲子　濤子

重子
[重力]

希格斯玻色子

自旋為2分之1
（半整數）　　　　自旋為1或2
（整數）　　　　自旋為0（整數）

72

的性質。

　實際上，「超弦理論」（請見第60頁）名稱中的「超」，就是「超對稱性」。若沒有超對稱性，超弦理論也將備受考驗。另一方面，超對稱粒子的存在，能讓「大統一理論」的內容變得相當合理，因此有人認為或許只要發現超對稱粒子，就能夠證明大統一理論的正確性。

註：「超對稱性」指的是即使自旋為半整數的粒子與自旋為整數的粒子互換，物理法則也不會改變的性質。若是宇宙有超對稱性，那麼超對稱粒子也應該存在。

超對稱粒子（基於超對稱理論的基本粒子）

構成物質的基本粒子搭檔　　　　　**傳遞力的基本粒子搭檔**

純量上夸克　　純量魅夸克　　純量頂夸克　　　　超光子

純量夸克

純量下夸克　　純量奇夸克　　純量底夸克　　　　超W子　　　超Z子

純量電微中子　　純量緲微中子　　純量濤微中子　　　　　　超膠子

純量輕子

＊：根據超對稱理論，希格斯玻色子或其搭檔超希格斯粒子，是以複數種類存在。

註：純量的意思是自旋為0。

純量電子　　純量緲子　　純量濤子　　　　超重子　　　　　超希格斯粒子＊

自旋為0　　　　　　自旋為2分之1或是　　自旋為2分之1
（整數）　　　　　　2分之3（半整數）　　（半整數）

超對稱粒子是「暗物質」的本體？

輕又不帶電的「超中性子」

暗物質籠罩在星系團之上？

星系團是多個星系聚在一起形成的結構。個別觀測這些星系的速度，會發現這些星系的速度實在太快了，若單以光（電磁波）觀測到的物質重力來算，理論上應該無法將這些星系留在星系團之內才對。也就是說，或許有著肉眼看不見的暗物質覆蓋著整個星系團，而這些暗物質的重力讓這些星系能夠留在星系團之內。

超對稱粒子現在是「暗物質」的強力候補。暗物質因為完全不吸收光（電磁波）也不發出光，非但無法以肉眼看見，也沒有辦法透過望遠鏡直接觀測。

剛誕生不久的宇宙產生了大量的基本粒子，與此同時，反粒子與超對稱粒子也大量的產生。反粒子在這之後雖然因為某種原因而消滅了，但科學家認為，應該有一部分的超對稱粒子還留存在今日的宇宙中。

科學家認為，較重的超對稱粒子在某個時間點產生衰變，變換為較輕的超對稱粒子。因此留存在現今宇宙中的，是超對稱粒子中質量最輕，不帶電的粒子。這些粒子統稱為「超中性子」（neutralino）。認為這些超中性子，或許就是暗物質的成分。

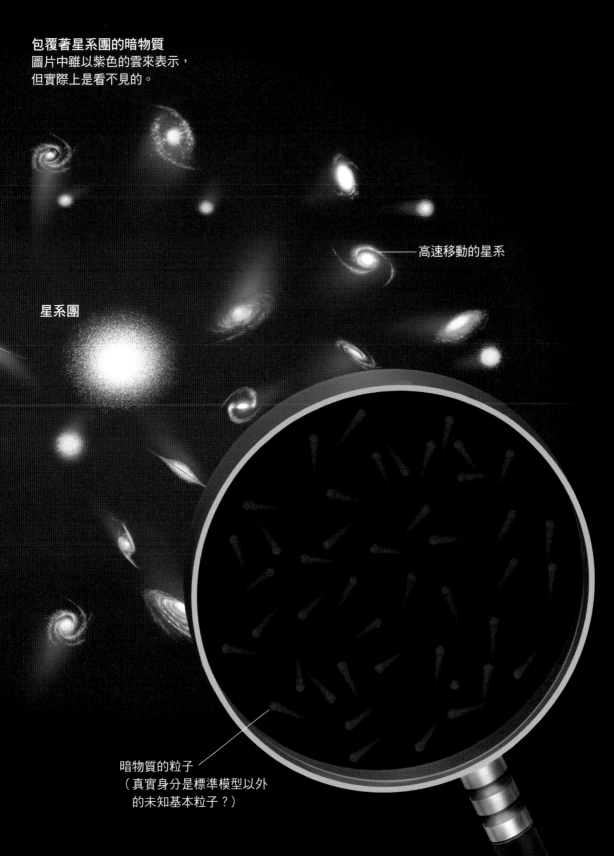

包覆著星系團的暗物質
圖片中雖以紫色的雲來表示，
但實際上是看不見的。

高速移動的星系

星系團

暗物質的粒子
（真實身分是標準模型以外
的未知基本粒子？）

恐龍的滅絕是
暗物質造成的嗎？

暗物質一般認為是「具有質量且幾乎不受到重力以外的力影響的物質」。不過有些研究人員認為，暗物質中約5%是「能夠產生重力以外的力的新暗物質」。

在這些新暗物質之間，有與電磁力性質非常相似的「暗電磁力」在作用。受到暗電磁力作用的新暗物質，並非球狀，而是像一般物質形成的星系一般，以高密度的圓盤狀分布，而這個結構稱為「暗圓盤」。

當太陽系穿過銀河系的圓盤時，可能因為受到暗圓盤的重力影響而產生劇烈的搖擺，導致位於太陽系外圍的天體在這時脫離了原本的軌道，朝向地球飛來。有些研究人員認為，於6500萬年前造成恐龍滅絕的隕石，或許就是受到暗圓盤影響的天體之一。

恐龍的滅絕與
隕石撞擊有關

對恐龍於6500萬年前滅絕的原因，最有力的說法是因直徑約10公里的隕石撞上地球所致。這種大小的隕石撞上地球的機率，大約是1億年一次。

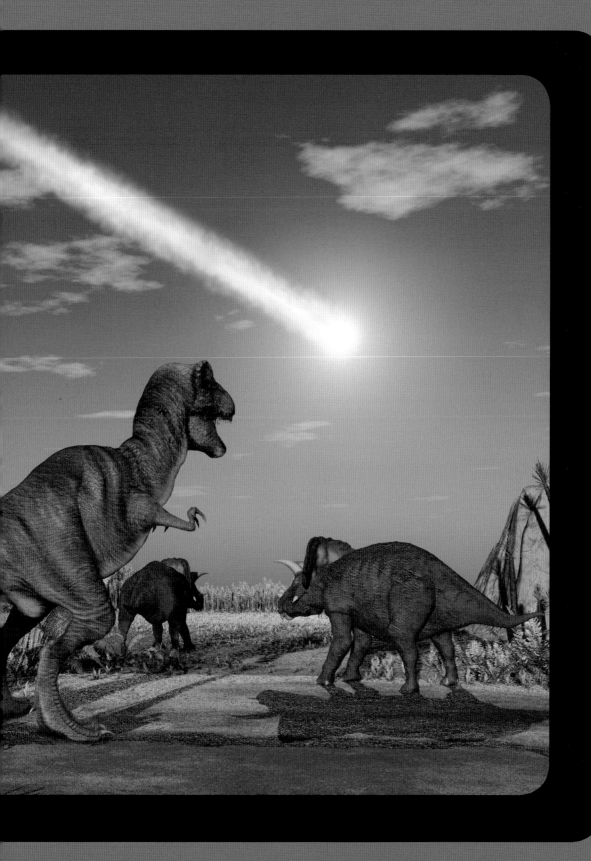

這本《基本粒子》到這邊就告一段落了。

我們從構成原子的「電子」、「上夸克」、「下夸克」這三種基本粒子，一路談到形成物質的基本粒子、反物質、傳遞力的基本粒子，為基本粒子賦予質量的「希格斯玻色子」，以及尚未發現的「超對稱粒子」。

基本粒子是無法進一步分割的最小粒子。研究這些粒子不僅能夠了解物質如何組成，甚至能夠理解宇宙的運行原理，以及宇宙初始的狀態，是不是很驚人呢？是否會想更加理解基本粒子物理學家的遠大理想呢？想更進一步瞭解的讀者，可以參考人人伽利略系列《超弦理論》、《星系、黑洞、外星人》等。

少年伽利略 科學叢書15

物理力學篇
60分鐘學基礎力學

　　力學聽起來很深奧，但簡單來說，在平常生活中走路、用筷子挾菜、雨滴落下、使用開罐器，都與「力」有關，力學可說是物理學的重要基礎之一。

　　瞭解力學的基礎知識後，就能用嶄新的眼光去觀察周遭的世界，增加對物理的興趣。

　　少年伽利略一貫淺顯易懂的解說，再搭配日常案例，適合國中生探索學習，也適合高中生複習課堂內容。

定價：250元

少年伽利略 科學叢書17

元素與離子
離子的構成與化學用途

　　進入化學的世界前，若能先學會元素與離子的關係，就可以深刻認知到化學與我們的生活息息相關。

　　離子活躍於我們日常生活中的各個角落，比如智慧型手機的電池就運用到了鋰離子，而人類的腦和胃若要正常運作，更是少不了離子的作用。

　　本書適合剛進入國中階段的學生打穩基礎，頁數輕薄減少學習負擔！

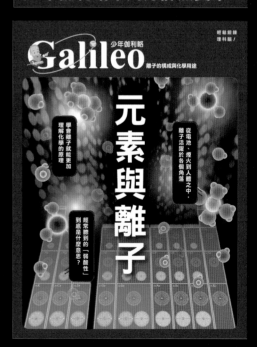

定價：250元

【 少年伽利略 18 】

基本粒子
進入微觀的神祕世界

作者／日本Newton Press
特約主編／王原賢
翻譯／馬啟軒
編輯／林庭安
商標設計／吉松薛爾
發行人／周元白
出版者／人人出版股份有限公司
地址／231028 新北市新店區寶橋路235巷6弄6號7樓
電話／（02）2918-3366（代表號）
傳真／（02）2914-0000
網址／www.jjp.com.tw
郵政劃撥帳號／16402311 人人出版股份有限公司
製版印刷／長城製版印刷股份有限公司
電話／（02）2918-3366（代表號）
經銷商／聯合發行股份有限公司
電話／（02）2917-8022
第一版第一刷／2022年01月
定價／新台幣250元
　　　港幣83元

國家圖書館出版品預行編目（CIP）資料

基本粒子：進入微觀的神祕世界
日本Newton Press作；
馬啟軒翻譯. -- 第一版. --
新北市：人人出版股份有限公司, 2022.01
面；公分. —（少年伽利略；18）
ISBN 978-986-461-270-3（平裝）
1.粒子 2.核子物理學

339.4　　　　　　　　　　110019810

NEWTON LIGHT 2.0 SORYUSHI
Copyright © 2020 by Newton Press Inc.
Chinese translation rights in complex
characters arranged with Newton Press
through Japan UNI Agency, Inc., Tokyo
www.newtonpress.co.jp

Staff

Editorial Management 　木村直之
Design Format 　米倉英弘 + 川口 匠（細山田デザイン事務所）
Editorial Staff 　上月隆志，加藤 希

Photograph

6〜7　　　CERN
29　　　　写真提供 ユニフォトプレス
64〜65　　Maximilien Brice/CERN

Illustration

Cover Design 　宮川愛理
2〜5　　Newton Press
8〜27　　Newton Press
27　　　（ディラック）黒田清桐
28〜29　Newton Press
30　　　（原子炉）Rey.Hori
30〜59　Newton Press
60　　　（ニュートン）小﨑哲太郎，
　　　　（マクスウェル）黒田清桐，
　　　　（アインシュタイン）黒田清桐

62〜63　　Newton Press
66〜75　　Newton Press
76〜77　　anibal/stock.adobe.com